◎主审　龚小涛

工程材料与热处理
实训教程

主编　王仙萌　马　丽

西北大学出版社

·西安·

图书在版编目(CIP)数据

工程材料与热处理实训教程 / 王仙萌,马丽主编. --西安:
西北大学出版社,2022.6
ISBN 978 – 7 – 5604 – 4946 – 3

Ⅰ.①工… Ⅱ.①王… ②马… Ⅲ.①工程材料—教
材②热处理—材料 Ⅳ.①TB3②TG15

中国版本图书馆 CIP 数据核字(2022)第 093360 号

工程材料与热处理实训教程

GONGCHENG CAILIAO YU RECHULI SHIXUN JIAOCHENG 王仙萌 马 丽 主编

出版发行	西北大学出版社				
地 址	西安市太白北路 229 号		邮 编	710069	
网 址	http://nwupress. nwu. edu. cn	**E – mail**	xdpress@ nwu. edu. cn	
电 话	029-88303313				
经 销	全国新华书店				
印 装	西安日报社印务中心				
开 本	787 毫米×1092 毫米 1/16				
印 张	13				
字 数	260 千字				
版 次	2022 年 6 月第 1 版 2023 年 7 月第 2 次印刷				
书 号	ISBN 978 – 7 – 5604 – 4946 – 3				
定 价	35.00 元				

如有印装质量问题,请与本社联系调换,电话 029 – 88302966。

前　言

本书是根据企业调研和材料类各专业的教学需要,以培养生产一线需要的高素质技术技能型人才为目标,结合高职高专院校的教改经验和教学实践而编写的。

工程材料与热处理实训是材料与机械类专业的一门重要的基础实践课程,本书是该课程的配套教材,全面详尽地介绍了生产实践中常见的实训项目,实用性强。该书共包括五个实训项目,分别是工程材料基础实训项目、金相实训项目、常规热处理实训项目、表面热处理实训项目以及有色金属热处理实训项目。其主要特点如下:

(1)本书以培养职业能力为目标,实现课岗对接、深度融合,由浅入深、循序渐进地介绍了工程材料与热处理实训的基本操作方法和技巧。每个项目设计了三部分目标,即知识目标、能力目标和素质目标,旨在全面培养学生的综合素养。

(2)本书内容具有实用性和易受性。书中引入许多典型设备和操作方法,易于学习者对知识的接受,适合广大师生和自学者使用。

(3)本书具有通识性。结合企业反馈和市场调研,对实训内容进行大力改革,思路清晰,各个专业可以根据实际需要选择实训项目。

(4)本书加强理论联系实际。作者多年从事工程材料与热处理实训教学与培训工作,教学经验丰富,具有坚实的理论基础,又通过企业调研,与企业实际操作相结合。

参加本书编写的有:西安航空职业技术学院王仙萌(项目1、项目5、项目2.5)、马丽(项目2.1~2.4)、石芬(项目3~4)。西安航空职业技术学院龚小涛教授审阅了全稿。

由于编者水平和经验有限,书中的缺点和错误在所难免,敬请读者批评指正。

编　者

2022 年 5 月

目　录

1　工程材料基础实验

知识目标

1. 掌握拉伸试验机的操作规程以及硬度计和冲击试验机的结构和操作原理。

2. 掌握金相显微镜的结构组成和操作方法。

3. 了解中温箱式电炉的结构。

4. 掌握各种实验的内容和步骤以及实验结果处理。

能力目标

1. 会操作各种实验设备,记录相关数据并处理。

2. 具有对实验数据进行合理分析的能力。

素质目标

1. 培养学生的实践动手和团队协作能力。

2. 培养学生一丝不苟、精益求精的职业精神。

1.1　金属拉伸实验

1.1.1　实验目的

(1)观察低碳钢和铸铁在拉伸试验中的各种现象。

(2)观察低碳钢在拉伸过程中所出现的屈服、强化和缩颈现象。

(3)测定低碳钢的屈服强度 σ_s、抗拉强度 σ_b、断后伸长率 δ 和断面收缩率 ψ。

(4)测定铸铁的抗拉强度 σ_b。

(5)了解拉伸试验机的主要结构及使用方法。

1.1.2　实验地点

金属力学性能实验室。

1.1.3　实验设备及试样

(1)WEW-3000型微机屏显液压万能试验机,如图1-1所示。

（2）根据国家标准 GB/T 228.1—2010《金属材料拉伸试验第 1 部分：室温试验方法》的相关规定准备 45 钢和铸铁的圆形短标准试样，如图 1-2 所示。

（3）游标卡尺。

（4）划线机。

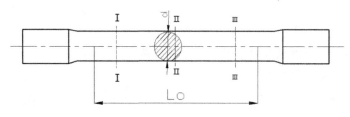

图 1-2　试样

图 1-1　拉伸试验机

1.1.4　实验内容及步骤

（1）试样准备与尺寸测量。将加工好的试样用划线机将标距 L_0 平均分成 10 格（铸铁过样不刻），以便观察标距范围内沿轴向的变形情况。用游标卡尺测量试件标距 L_0 和标距部分的直径 d_0。在标距范围内的中间及两端处，每处两个互相垂直的方向上各测量一次，取其平均值为该处直径。用所测得的三个平均值中的最小的值计算试件的横截面面积 A_0。计算 A_0 时取三位有效数字。将值填入表 1-1 中。

表 1-1　拉伸试件尺寸记录表

材料	试验前									
	标距 L_0/mm	直径 d_0/mm								横截面面积 A_0/mm
		截面 I			截面 II			截面 III		
		1	2	平均	1	2	平均	1	2	平均	
低碳钢											
铸铁											

材料	试验后									
	标距 L_1/mm	直径 d_1/mm								横截面面积 A_1/mm
		截面 I			截面 II			截面 III		
		1	2	平均	1	2	平均	1	2	平均	
低碳钢											
铸铁											

（2）装夹试件。先把试件夹持在试验机上夹头内，再将下夹头移动到试件所需的夹

持位置,并把试件下端夹紧。

(3)计算机测试应用程序界面中执行以下操作:

设置实验条件,主要有试验形式(如拉伸)、载荷、变形量程、加载速度、试样编号、尺寸、材料等。设置完毕,可自定义文件名并确定工作目录后存盘。单击界面"试验"按钮,开始试验。

(4)注意观察试样的变形情况和"颈缩"现象,试样断裂后立即单击应用程序界面"结束试验"按钮。

(5)取下试件,将拉断的试件在断口处尽量对拢,测量拉断后的标距长度 l_1 和断后直径 d_1。

(6)测量铸铁试样的初始直径,并将之装卡在试验机的卡板中(与低碳钢试样测量、装卡方法相同)。重复试验步骤4、5、6,进行铸铁试样拉伸试验。

(7)在实验教师指导下读取实验数据,打印曲线。

(8)填写实验报告。

1.1.5　注意事项

(1)开机前和停机后,送油阀一定要置于关闭位置。加载、卸载和回油均须缓慢进行。

(2)拉伸试件夹住后,不得再调整下夹头的位置。

(3)机器开动时,操纵者不得擅自离开。

(4)使用时,听见异声或发生任何故障应立即停止。

(5)试件装夹必须正确,防止偏斜和夹入部分过短的现象。

1.1.6　实验结果处理

(1)强度指标。

屈服强度:$\sigma_s = \dfrac{F_s}{A_0}$。

抗拉强度:$\sigma_b = \dfrac{F_b}{A_0}$。

(2)塑性指标。

伸长率:$\delta = \dfrac{L_1 - L_0}{L_0} \times 100\%$。

断面收缩率:$\psi = \dfrac{A_0 - A_1}{A_0} \times 100\%$。

1.2 硬度实验

1.2.1 实验目的

（1）了解布氏硬度、洛氏硬度测定的基本原理及应用范围。

（2）了解布氏硬度计、洛氏硬度计的工作原理。

（3）熟悉布氏硬度、洛氏硬度的操作方法和步骤。

1.2.2 实验地点

硬度实验室。

1.2.3 实验设备及试样

（1）试样，45 钢两块和 T12 一块。

（2）TH600 型布氏硬度计，如图 1-3 所示。

（3）TH300 型洛氏硬度计，如图 1-4 所示。

图 1-3　布氏硬度计　　　　图 1-4　洛氏氏硬度计

（4）读数放大镜。

1.2.4 实验原理

1. 布氏硬度（HB）

以一定的载荷（一般为 3000kg）把一定大小（直径一般为 10mm）的淬硬钢球压入材料表面，保持一段时间，去载后，负荷与其压痕面积之比值，即为布氏硬度值（HB），单位为公斤力/平方毫米（kgf/mm^2）。当 HB 大于 450 或者试样过小时，不能采用布氏硬度试验而改用洛氏硬度计。

2. 洛氏硬度（HR）

它是用一个顶角 120°的金刚石圆锥体或直径为 1.59mm、3.18mm 的钢球，在一定载荷下压入被测材料表面,由压痕的深度求出材料的硬度,根据试验材料硬度的不同,分三种不同的硬度标尺:HRA 是采用 60kg 载荷和金刚石锥压入器求得的硬度,用于硬度极高的材料(如硬质合金等)。HRB 是采用 100kg 载荷和直径 1.58mm 淬硬的钢球,求得的硬度,用于硬度较低的材料(如退火钢、铸铁等)。HRC 是采用 150kg 载荷和金刚石锥压入器求得的硬度,用于硬度很高的材料(如淬火钢等)。

1.2.5　实验内容及步骤

1. 布氏硬度

(1)确定试验条件。压头直径、试验力及试验力保持时间根据有关标准选取。先将压头装入主轴衬套并拧紧压头紧定螺钉,再按所选载荷加上相应的砝码。打开电源开关,电源指示灯亮。试验机进行自检、复位,显示当前的试验力保持时间,该参数自动记忆关机前的状态。此时应根据所需设置的保持时间在操作键盘上按"▲"或"▼"键进行设置。

(2)压紧试样。顺时针旋转升降手轮,使试验台上升,使试样与压头接触,直至手轮下面的螺母产生相对滑动为止。

(3)加载与卸载。此时按下"开始"键,试验开始自动进行,依次自动完成从加载、保持、卸载到恢复初始状态的全过程。

(4)读取试验数据。逆时针转动升降手轮,取下试样,用读数显微镜测出压痕直径,并取算术平均值 d,根据 d 值查平面布氏硬度值计算表即得布氏硬度值,记录于表 1-2 中。

表 1-2　布氏硬度试验记录表(45 钢)

项目	第一次	第二次	第三次	平均值	备注(钢球直径、试验力、试验保持时间、F/D^2)
压痕直径 d/mm					10mm、3000kg、15s
布氏硬度值					

2. 洛氏硬度

(1)实验时将试样放在工作台上,按顺时针方向转动手轮,使工作台上升至试样与压头接触(注意:靠近压头时应缓慢上升工作台,不得冲击压头)。

(2)继续转动手轮,当听到机器提示音"嘀"时,应停止加载,此时初载荷加载完毕,然后洛氏硬度计自动施加主载荷并保持一定时间,测试完毕;其程序为加初载荷→加主载荷→保持一定时间→卸载→窗口显示硬度值即为所求硬度值。将测试值记录于表 1-3 中。

表 1 - 3   洛氏硬度试验记录表

材料	标尺	第一次	第二次	第三次	平均值	备注（压头、载荷）
45 钢	HRC					1.59mm、150kg
T12	HRC					1.59mm、150kg

1.2.6   注意事项

1. 布氏硬度

（1）试样表面必须平整光洁，无油污、氧化皮，并平稳地安放在布氏硬度计试验台上。

（2）读数显微镜读取压痕直径时应从两个相互垂直的方向测量，并取算术平均值。

（3）常用放大倍数为"20×"的读数显微镜测试布氏硬度值。使用读数显微镜时，将测试过的试样放置于一平面上，再将读数显微镜放置于被测试样上，使被测部分用自然光或灯光照明；调节目镜，使在视场中能同时看清分划板与压痕边缘图像。

2. 洛氏硬度

（1）试样的两大面应磨平、光洁，无油污、氧化皮、裂纹及凹坑或显著的加工痕迹。载物台及压头表面要清洁。

（2）压头要装牢。

注意：安装时压头的削扁应对准压轴孔的削扁，压头推到顶后要拧紧紧定螺钉。

（3）试样应放平稳，不可有滑动及明显变形，并保证压头中心线与被测表面相垂直，测试点到边缘距离大于 3mm。如为圆柱试样，应放于 V 形铁中支承。

（4）加载、卸载均匀缓慢无冲击。

1.3   金属材料夏比冲击实验

1.3.1   实验目的

（1）了解冲击韧性的定义。

（2）测定低碳钢和铸铁的冲击韧性，比较两种材料的抗冲击能力和破坏端口的形貌。

1.3.2   实验地点

金属力学性能实验室。

1.3.3   实验设备及试样

（1）JB - 300B 型冲击试验机（图 1 - 5）。

图1-5　冲击试验机

（2）夏比缺口冲击试样（U型缺口）。

（3）游标卡尺。

1.3.4　实验原理

在规定条件（包括高温、室温和低温）下通过摆锤一次打击夏比缺口冲击试样，测定冲击吸收能量。

工程上常用的冲击韧性试验方法为缺口试样冲击弯曲试验，它是在摆锤式冲击试验机上进行的。缺口试样冲击弯曲试验，如图1-6所示。

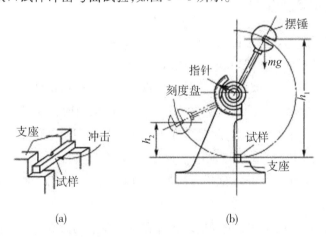

（a）　　　　　　　（b）

图1-6　摆锤式冲击试验原理示意图

按 GB/T 229—1994《金属夏比（U型或V型缺口）冲击试验法》规定，将被测材料制成标准冲击试样，如图1-7所示。试验时，将试样水平放在试验机支座上，注意缺口位于冲击相背方向，如图1-6（a）所示。然后将具有一定质量 m 的摆锤举至一定高度 h_1，使其获得一定位能 mgh_1，释放摆锤并一次冲断试样，然后摆锤继续升高至 h_2，此时摆锤的剩余能量为 mgh_2，则摆锤冲断试样失去的位能为 mgh_1-mgh_2，此即为试样变形和断裂所消耗的功，以 A_k 表示，单位为 J。

$$A_k = mgh_1 - mgh_2 = mg(h_1 - h_2)$$

A_k 值不需计算，可由冲击试验机刻度盘上直接读出。冲击试样缺口底部单位横截面积上的冲击吸收功，称为冲击韧度，用符号 α_k 表示，单位为 J/cm^2。

$$\alpha_k = \frac{A_k}{A}。$$

式中：A—试样缺口底部横截面积 cm^2。

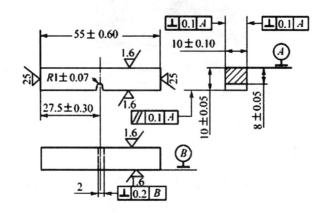

图 1 - 7　夏比 U 型缺口试样

1.3.5　实验内容及步骤

（1）试验前检查试验设备和仪器。

（2）用游标卡尺测量试样缺口底处的横截面尺寸。

（3）让摆锤自由下垂，使被动指针紧靠主动指针。然后举起摆锤空打，检查指针是否回到零点，否则应进行校正。正式试验：按"取摆"键，摆锤逆时针摆动上扬，触动限位开关后由挂摆机构挂住，保险销弹出，此时可在支座上放置试件（注意：试样缺口对中并位于受拉边）。然后顺序执行"取摆""退销""冲击""放摆"动作。

（4）按如图 1 - 6 所示的安放试样，使缺口对称面处于支座跨度的重点，偏差小于 ± 0.2 mm。

（5）释放摆锤一次冲断试样，记录被动指针在刻度盘上的读数，即为冲断试样所消耗的功。

（6）记录吸收能量，将数值记录于表 1 - 4 中。

表 1 - 4　冲击吸收功记录表

材料	试样类型	冲击吸收功/J			冲击吸收功平均值/J
		1	2	3	
Q235	U 型缺口				

1.3.6　注意事项

（1）安装试样前，严禁高抬摆锤。

（2）摆锤抬起后，在摆锤摆动范围内，切忌站人、行走及放置任何障碍物。

1.4　铁碳合金平衡组织观察实验

1.4.1　实验目的

（1）通过观察，识别各种铁碳合金在室温平衡状态下的显微组织。

（2）分析碳的质量分数对显微组织的影响，掌握铁碳合金的组织与性能之间的关系。

（3）了解金相试样的制备过程及金相显微镜的使用。

1.4.2　实验地点

金相与热处理实训室。

1.4.3　实验设备及试样

1. 实验设备

本实验使用的设备为金相显微镜。金相显微镜是利用物镜、目镜将金属试样表面放大到一定倍数，从而观察其显微组织的光学仪器。常用的金相显微镜有台式、立式和卧式三大类。如图1－8所示为XJB－1型台式金相显微镜，它主要由光学系统、照明系统和机械系统三大部分组成。

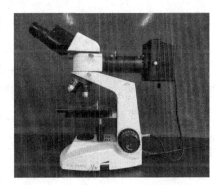

图1－8　XJB－1型台式金相显微镜

（1）光学系统。

光学系统主要由物镜和目镜组成，其作用主要是放大物体。显微镜的放大倍数等于物镜放大倍数与目镜放大倍数的乘积。

（2）照明系统。

照明系统主要由光源、聚光镜、半反光镜、视场光栅和孔径光栅等组成。光源是一只装在底座内的低压灯泡，由低压变压器供电。视场光栅用于调节视场范围，使目镜视场明亮而无阴影。孔径光栅用于调节入射光束的粗细，以使试样组织清晰可见。

（3）机械系统。

机械系统主要包括底座、载物台、转换台、粗动调焦手轮和微动调焦手轮等。转换台可同时安放三个不同放大倍数的物镜，以便在观察过程中方便更换物镜。粗动调焦手轮用于快速调焦，微动调焦手轮用于精确调焦。

2. 实验试样

本实验选择退火状态的工业纯铁、20 钢、45 钢、T8 钢、T12 钢五个试样，以及铸态的亚共晶白口铸铁、共晶白口铸铁和过共晶白口铸铁三个试样。

金相试样的获取途径有两种：一是从教学仪器生产厂家直接购买制备好的金相试样；二是自己制备金相试样。自制金相试样时，一般需要经过取样、镶嵌、磨光、抛光和浸蚀等工序。

1.4.4 实验内容及步骤

（1）根据观察所需的放大倍数选择适宜的物镜和目镜，并分别安装在物镜转换器上和目镜筒内，应使物镜转换器转至固定位置。

接通电源、转动拨盘开关打开（或关闭）电源、连续转动拨盘，都可以改变光源的亮度。

（2）移动载物台，使载物台中心孔的中央与物镜中心对正，然后将所观察的试样放置于载物台上，试样的观察面向下。转动粗动调焦手轮，使载物台缓慢下降接近物镜，再慢慢反向转动手轮至目镜中出现模糊影像，然后轻轻转动微动调焦手轮，直至影像清晰为止。

（3）适当调节孔径光栅和视场光栅，以获得最佳质量的物像。

（4）平行移动载物台，观察试样的不同部位，找出具有代表性的显微组织，画出显微组织示意图。然后，观察另一个试样，直到观察完所有试样。将各试样的显微组织示意图画在表 1-5 中。

（5）拔下电源插头，切断电源，小心卸下物镜和目镜，并放好，罩好显微镜。

（6）根据观察，分析随着碳质量分数的变化，试样组织的变化规律。

表 1 - 5　各试样的显微组织示意图

工业纯铁	20 钢
材料名称：＿＿＿＿＿热处理状态：＿＿＿＿＿ 放大倍数：＿＿＿＿＿腐蚀剂：＿＿＿＿＿ 金相组织：＿＿＿＿＿＿＿＿＿＿＿＿＿＿＿	材料名称：＿＿＿＿＿热处理状态：＿＿＿＿＿ 放大倍数：＿＿＿＿＿腐蚀剂：＿＿＿＿＿ 金相组织：＿＿＿＿＿＿＿＿＿＿＿＿＿＿＿
45 钢	T8 钢
材料名称：＿＿＿＿＿热处理状态：＿＿＿＿＿ 放大倍数：＿＿＿＿＿腐蚀剂：＿＿＿＿＿ 金相组织：＿＿＿＿＿＿＿＿＿＿＿＿＿＿＿	材料名称：＿＿＿＿＿热处理状态：＿＿＿＿＿ 放大倍数：＿＿＿＿＿腐蚀剂：＿＿＿＿＿ 金相组织：＿＿＿＿＿＿＿＿＿＿＿＿＿＿＿
T12 钢	亚共晶白口铸铁
材料名称：＿＿＿＿＿热处理状态：＿＿＿＿＿ 放大倍数：＿＿＿＿＿腐蚀剂：＿＿＿＿＿ 金相组织：＿＿＿＿＿＿＿＿＿＿＿＿＿＿＿	材料名称：＿＿＿＿＿热处理状态：＿＿＿＿＿ 放大倍数：＿＿＿＿＿腐蚀剂：＿＿＿＿＿ 金相组织：＿＿＿＿＿＿＿＿＿＿＿＿＿＿＿
共晶白口铸铁	过共晶白口铸铁
材料名称：＿＿＿＿＿热处理状态：＿＿＿＿＿ 放大倍数：＿＿＿＿＿腐蚀剂：＿＿＿＿＿ 金相组织：＿＿＿＿＿＿＿＿＿＿＿＿＿＿＿	材料名称：＿＿＿＿＿热处理状态：＿＿＿＿＿ 放大倍数：＿＿＿＿＿腐蚀剂：＿＿＿＿＿ 金相组织：＿＿＿＿＿＿＿＿＿＿＿＿＿＿＿

1.4.5　注意事项

(1)严禁用手直接接触镜头和试样观察面,镜头和试样观察面上的赃物、灰尘等应用镜头纸擦拭。

(2)金相显微镜属于精密仪器,操作时要细心,不得用力过猛或碰撞摔打,以免损坏调焦系统及镜头等零件。

1.5　碳素钢热处理实验

1.5.1　实验目的

(1)掌握钢的整体热处理(退火、正火、淬火、回火)工艺特点及操作方法。

(2)研究加热温度、冷却速度及回火温度等因素对碳素钢热处理后性能的影响。

观察碳素钢热处理后的显微组织,并测定硬度值,分析不同热处理方法对组织和性能的影响。

1.5.2　实验地点

金相与热处理实训室。

1.5.3　实验设备及试样

1.实验设备

(1)热处理加热设备采用箱式电炉。按加热温度不同,箱式电炉可分为低温、中温和高温三类。如图1-9所示为RX3-45-9型中温箱式电炉,它可供实验室退火、正火、淬火、回火等热处理加热使用,其最高加热温度为950℃。

图1-9　RX3-45-9型中温箱式电炉

(2)容量为0.01~0.03m²的小型水槽、油槽各一个,分别装满水或20#机油,槽内最好装设铁丝网篮,以便捞取试样。

(3)夹钳、手套、铁丝、钩子等工具。

(4)砂轮机、洛氏和布氏硬度试验机。

(5)金相显微镜。

2. 实验试样

本实验选用 45 钢和 T12 钢试样。

1.5.4　实验内容及步骤

1. 碳素钢热处理工艺参数确定

(1)退火。

①加热温度:亚共析钢一般采用完全退火,加热温度为 $A_{c3}+(30\sim50)$℃。过共析钢一般采用球化退火,加热温度为 $A_{c1}+(20\sim30)$℃。

②保温时间:以工件厚度每 1mm 保温 1min 或 1.5min 计算。

③冷却方法:退火一般采用炉冷。

(2)正火。

①加热温度:亚共析钢和共析钢的加热温度一般为 $A_{c3}+(30\sim50)$℃。过共析钢的加热温度一般为 $A_{ccm}+(30\sim50)$℃。

②保温时间:以工件厚度每 1mm 保温 1min 或 1.5min 计算。

③冷却方法:正火常采用空冷(大件也可吹风冷却)。

(3)淬火。

①加热温度:亚共析钢的加热温度一般为 $A_{c3}+(30\sim50)$℃。过共析钢和共析钢的加热温度一般为 $A_{c1}+(30\sim50)$℃。

②保温时间:以工件厚度每 1mm 保温 1min 或 1.5min 计算。

③冷却方法:有单介质淬火、双介质淬火、马氏体分级淬火和贝氏体等温淬火等多种方法,生产中常用的淬火介质为水和油。

(4)回火。

①加热温度:低温回火的加热温度为 150~250℃,中温回火的加热温度为 350~500℃,高温回火的加热温度为 500~650℃。

②保温时间:回火的保温时间与回火温度有关。一般来说,低温回火的保温时间要长一些(1.5~2h),高温回火的保温时间可短一些(0.5~1h)。由于实验中所用试样较小,故保温时间可定为 30min。

③冷却方法:回火一般空冷即可。

2. 实验步骤

全班分成几组,每组一套试样,退火试样由实验室事先处理好。试样编号和热处理工艺如表 1-6 所列。

表 1-6　试样编号和热处理工艺

钢号	编号	热处理工艺		
		加热温度/℃	冷却方法	回火温度/℃
45 钢	1	860	炉冷	
	2	860	空冷	
	3	860	水冷	
	4	860	水冷	
	5	860	水冷	200
	6	860	水冷	400
	7	860	水冷	600
	8	750	水冷	
T12 钢	9	780	炉冷	
	10	780	空冷	
	11	780	油冷	
	12	780	水冷	
	13	780	水冷	200
	14	780	水冷	400
	15	780	水冷	600
	16	860	水冷	

（1）将试样放入要求温度的炉中加热，保温 15~20 min 后，分别进行炉冷、空冷、油冷、水冷操作。试样在淬火介质中淬火时，应不断搅动淬火介质，以保证充分均匀冷却。

（2）每组分别取三块水冷淬火试样，进行回火处理。

（3）热处理后的试样用砂纸磨去两端面的氧化皮，此时要防止试样温度升高引起组织变化，然后测量硬度，每个试样测三个点，并将测量数据填入表 1-7 中。

表 1-7　硬度数据记录表

编号	1	2	3	4	5	6	7	8	9	10	11	12	13	14	15	16
第一次																
第二次																
第三次																
平均值																

（4）每人取一组试样制成金相试样,利用显微镜进行观察,并分析钢热处理后的组织特征。

（5）在表1-8中画出显微组织示意图,并注明编号、材料名称、处理条件、金相组织浸蚀剂、放大倍数等。

表1-8 硬度数据记录表

编号								
材料名称								
处理条件								
金相组织								
浸蚀剂								
放大倍数								
显微组织								

1.5.5 注意事项

（1）在炉中放入或取出试样时必须先切断电源,以防触电。

（2）淬火试样从炉中取出后要迅速放入淬火介质中,不要在空气中停留时间过长,特别是较低温度(770~750℃)加热的试样,淬火动作更要快速,以免在空气中发生组织转变而达不到淬火效果。

（3）不同材料的试样应分别放置,以免混淆,或打上钢印编号,以示区别。

2   金相实训项目

知识目标

1. 掌握铸铁、铸钢在室温时的显微组织形态和有色金属的显微组织特征。

2. 掌握金相显微镜的构成、使用及维护与保养。

3. 掌握金相试样的制备过程。

能力目标

1. 具有能够识别金属的显微组织的能力。

2. 能够制备金属材料金相试样以及利用金相显微镜观察金相组织的操作技术。

素质目标

1. 培养学生的动手实践能力、团队协作和沟通能力。

2. 培养学生的责任意识、质量意识和安全生产意识。

2.1   金相显微镜的使用与金相样品的制备

2.1.1   光学金相显微镜的实训知识准备

1. 金相显微镜的构造

金相显微镜的种类和型式很多,最常见的有台式、立式和卧式三大类。通常由光学系统、照明系统和机械系统三大部分组成,如图 2-1 所示。有的显微镜还附带有多种功能及摄影装置。目前,已把显微镜与计算机及相关的分析系统相连,能更方便、更快捷地进行金相分析研究工作。

(1)光学系统。

主要构件是物镜和目镜,它们主要起放大作用,并获得清晰的图像。物镜的优劣直接影响成像的质量。小型金相显微镜,按光程设计可分为直立式和倒立式两种类型。凡试样磨面向上,物镜向下的为直立式;而试样磨面向下,物镜向上的为倒立式,如图 2-2 所示。

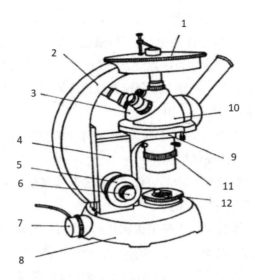

1—载物台；2—镜臂；3—物镜转换器；4—微动座；5—粗动调焦机构；6—微动调焦机构；
7—照明装置；8—底座；9—平台托架；10—碗头组；11—视场光栏；12—孔径光栏

图2-1　金相显微镜的构造

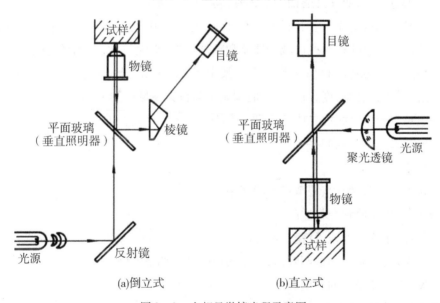

图2-2　金相显微镜光程示意图

以倒立式为例，光源发出的光，经过透镜组投射到反射镜上，反射镜将水平走向的光变成垂直走向，自下而上穿过平面玻璃和物镜，投射到试样磨面上；反射进入物镜的光又自上而下照到平面玻璃上，反射后的水平走向光束进入棱镜，通过折射、反射后进入目镜。目镜将此像再次放大。显微镜里观察到的就是通过物镜和目镜两次放大所得图像。

（2）照明系统。

主要包括光源和照明器以及其他主要附件。

①光源的种类。包括白炽灯(钨丝灯)、卤钨灯、碳弧灯、氙灯和水银灯等。常用的是白炽灯和氙灯,一般白炽灯适应于作为中、小型显微镜上的光源使用,电压为 6～12V,功率 15～30W。而氙灯通过瞬间脉冲高压点燃,一般正常工作电压为 18V,功率为 150W,适用于特殊功能的观察和摄影。一般大型金相显微镜常同时配有两种照明光源,以适应普通观察和特殊情况的观察与摄影之用。

②光源的照明方式。主要有临界照明、科勒照明、散光照明和平行光照明。散光照明和平行光照明适应于特殊情况使用。

(a)临界照明:光源的像聚焦在样品表面上,虽然可得到很高的亮度,但对光源本身亮度的均匀性要求很高,目前很少使用。

(b)科勒照明:特点是光源的一次像聚焦在孔径光栏上,视场光栏和光源一次像同时聚焦在样品表面上,提供了一个很均匀的照明场,目前广泛使用。

(c)散光照明:特点是照明效率低,只适应投射型钨丝灯照明。

(d)平行光:照明的效果较差,主要用于暗场照明,适应于各类光源。

③光路形式。按光路设计的形式,显微镜有直立式和倒立式两种:凡样品磨面向上,物镜向下的为直立式;而样品磨面向下,物镜向上的为倒立式。

④孔径光栏和视场光栏。孔径光栏位于光源附近,用于调节入射光束的粗细,以改变图像的质量。缩小孔径光栏可减少球差和轴外像差,加大衬度,使图像清晰,但会使物镜的分辨率降低。视场光栏位于另一个支架上,调节视场光栏的大小可改变视域的大小,视场光栏愈小,图像衬度愈佳,观察时须调至与目镜视域同样大小。

⑤滤色片。用于吸收白光中不需要的部分,只让一定波长的光线通过,获得优良的图像。一般有黄色、绿色和蓝色等。

(3)机械系统。

主要包括载物台、镜筒、调节螺丝和底座。

①载物台:用于放置金相样品。

②镜筒:用于联结物镜、目镜等部件。

③调节螺丝:有粗调和细调螺丝,用于图像的聚焦调节。

④底座:起支撑镜体的作用。

2. 光学显微镜的放大成像原理及参数

(1)金相显微镜的成像原理。

显微镜的成像放大部分主要由两组透镜组成。靠近观察物体的透镜叫物镜,而靠近眼睛的透镜叫目镜。通过物镜和目镜的两次放大,就能将物体放大到较高的倍数,如图 2 -3 所示,显微镜的放大光学原理图。物体 AB 置于物镜前,离其焦点略远处,物体的反射光线穿过物镜折射后,得到了一个放大的实像 A_1B_1,若此像处于目镜的焦距之内,通过目镜观察到的图像是目镜放大了的虚像 A_2B_2。

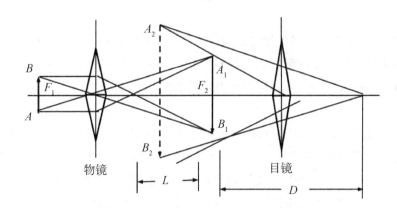

AB—物体；A_1B_1—物镜放大图像；A_2B_2—目镜放大图像；F_1—物镜的焦距；F_2—目镜的焦距；

L—为光学镜筒长度（物镜后焦点与目镜前焦点之间的距离）；

D—明视距离（人眼的正常明视距离为250mm）

图 2 - 3　显微镜放大光学原理

（2）显微镜的放大倍数。

物镜的放大倍数：$M_物 = A_1B_1/AB \approx L / F_1$。

目镜的放大倍数：$M_目 = A_2B_2/A_1B_1 \approx D / F_2$。

两式相乘：$M_物 \times M_目 = A_1B_1/AB \times A_2B_2/A_1B_1 = A_2B_2/AB$

$$= L / F_1 \times D / F_2 = L \times 250 / F_1 \times F_2 = M_总。$$

式中：L—为光学镜筒长度（物镜后焦点到目镜前焦点的距离）；

$\quad\quad F_1$—物镜的焦距；

$\quad\quad F_2$—目镜的焦距；

$\quad\quad D$—明视距离（人眼的正常明视距离为250mm）。

即显微镜总的放大倍数等于物镜放大倍数和目镜放大倍数的乘积。一般金相显微镜的放大倍数最高可达 1600 ~ 2000 倍。

由此可看出：因为 L 光学镜筒长度为定值，可见物镜的放大倍数越大，其焦距越短。在显微镜设计时，目镜的焦点位置与物镜放大所成的实像位置接近，并使目镜所成的最终倒立虚像在距眼睛 250 毫米处成像，这样使所成的图像看得很清楚。

显微镜的主要放大倍数一般通过物镜来保证，物镜的最高放大倍数可达 100 倍，目镜的最高放大倍数可达 25 倍。放大倍数分别标注在物镜和目镜各自的镜筒上。在用金相显微镜观察组织时，应根据组织的粗细情况，选择适当的放大倍数，以使组织细节部分能观察清楚为准，不要只追求过高的放大倍数，因为放大倍数与透镜的焦距有关，放大倍数越大，焦距越小，会带来许多缺陷。

（3）透镜像差。

透镜像差就是透镜在成像过程中，由于本身几何光学条件的限制，图像会产生变形及模糊不清的现象。透镜像差有多种，其中对图像影响最大的是球面像差、色像差和像域弯曲三种。

显微镜成像系统的主要部件为物镜和目镜,它们都是由多片透镜按设计要求组合而成,而物镜的质量优劣对显微镜的成像质量有很大影响。虽然在显微镜的物镜、目镜及光路系统等设计制造过程中,已将像差减少到很小的范围,但依然存在。

①球面像差。

产生原因:球面像差是由于透镜的表面呈球曲形,来自一点的单色光线,通过透镜折射以后,中心和边缘的光线不能交于一点,靠近中心部分的光线折射角度小,在离透镜较远的位置聚焦,而靠近边缘处的光线偏折角度大,在离透镜较近的位置聚焦。所以形成了沿光轴分布的一系列的像,使图像模糊不清。这种像差称球面像差,如图2-4所示。

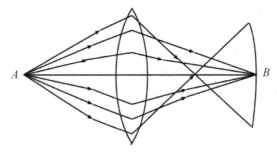

图2-4   球面像差示意图

校正方法:采用多片透镜组成透镜组,即将凸透镜与凹透镜组合形成复合透镜,产生性质相反的球面像差来减少。也可通过加光栏的办法,缩小透镜的成像范围。因球面像差与光通过透镜的面积大小有关。

在金相显微镜中,球面像差可通过改变孔径光栏的大小来减小。孔径光栏越大,通过透镜边缘的光线越多,球面像差越严重。而缩小光栏,限制边缘光线的射入,可减少球面像差。但光栏太小,显微镜的分辨能力降低,也使图像模糊。因此,应将孔径光栏调节到合适的大小。

②色像差。

产生原因:色像差的产生是由于白光是由多种不同波长的单色光组成,当白光通过透镜时,波长愈短的光,其折射率愈大,其焦点愈近。而波长越长,折射率越小,其焦点愈远,这样一来使不同波长的光线,形成的像不能在同一点聚焦,使图像模糊所引起的像差,即色像差,如图2-5所示。

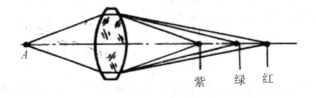

图2-5   色像差示意图

校正方法:可采用单色光源或加滤色片或使用复合透镜组来减少。

③像域弯曲。

产生原因:垂直于光轴的平面,通过透镜所形成的像,不是平面而是凹形的弯曲像面,称像域弯曲。如图2-6所示。

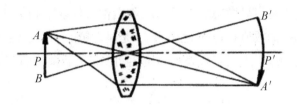

图2-6 像域弯曲示意图

校正办法:像域弯曲的产生,是由于各种像差综合作用的结果。一般的物镜或多或少地存在着像域弯曲,只有校正极佳的物镜才能达到趋于平坦的像域。

(4)物镜的数值孔径。

物镜的数值孔径用 N_A 表示,表示物镜的聚光能力。数值孔径大的物镜,聚光能力强,即能吸收更多的光线,可见,数值孔径的大小,与物镜与样品间介质 n 的大小有关,以及孔径角的大小有关。如图2-7所示。

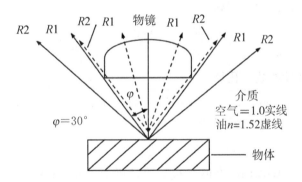

图2-7 物体与物镜之间的介质对物镜数值孔径的影响

当物镜与物体之间的介质为空气时,光线在空气中的折射率为 $n=1$,若物镜的孔径半角为30°,则数值孔径为:

$$N_A = n \cdot \sin\varphi。$$

式中:n——是物镜与样品间介质的折射率;

φ——通过物镜边缘的光线与物镜轴线所成角度,即孔径半角。

物镜的数值孔径 N_A 可用公式表示为:

$$N_A = n\sin\varphi = 1 \times \sin30° = 0.5°。$$

若物镜与物体之间的介质为松柏油时,介质的折射率 $n=1.52$,则其数值孔径为:

$$N_A = n\sin\varphi = 1.52 \times \sin30° = 0.76°。$$

物镜在设计和使用中,指定以空气为介质的称干系物镜或干物镜,以油为介质的称为油浸系物镜或油物镜。干物镜的 $n=1$，$\sin\varphi$ 值总小于1，故数值孔径 N_A 小于1，油物镜因 $n=1.5$ 以上，故数值孔径 N_A 大于1。物镜的数值孔径的大小，标志着物镜分辨率的高低，即决定了显微镜分辨率的高低。

（5）显微镜的鉴别能力（分辨率）。

显微镜的鉴别能力是指显微镜对样品上最细微部分能够清晰分辨而获得图像的能力。它主要取决于物镜的数值孔径 N_A 之值大小，是显微镜的一个重要特性。通常用可辨别的样品上的两点间的最小距离 d 来表示，d 值越小，表示显微镜的鉴别能力越高，如图 2－8 所示。

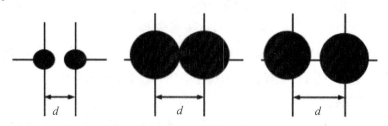

　　（a）样品上两点之间距离　　　（b）低分辨率　　　（c）高分辨率

图 2－8　显微镜分辨率高低示意图

显微镜的鉴别能力可用下式表示：

$$d = \lambda/2N_A。$$

式中：λ——入射光的波长；

　　　　N_A——表示物镜的数值孔径。

可见分辨率与入射光的波长成正比，λ 越短，分辨率越高。与数值孔径成反比，数值孔径 N_A 越大，d 值越小，表明显微镜的鉴别能力越高。

（6）有效放大倍数。

用显微镜能否看清组织细节，不但与物镜的分辨率有关，而且与人眼的实际分辨率有关。若物镜分辨率很高，形成清晰的实像，而配用的目镜倍数过低，也使观察者难于看清，称放大不足。但若选用的目镜倍数过高，即总放大倍数越大，看得并非越清晰。实践表明，超出一定的范围，放得越大越模糊，称虚伪放大。

显微镜的有效放大倍数取决于物镜的数值孔径。有效放大倍数是指物镜分辨清晰的 d 距离，同样也被人眼分辨清晰所必需的放大倍数，用 Mg 表示：

$$Mg = \frac{d_1}{d} = \frac{2d_1 \cdot N_A}{\lambda}。$$

式中：d_1——人眼的分辨率；

　　　　d——物镜的分辨率。

在明视距离 250mm 处正常人眼的分辨率为 0.15 ~ 0.30mm，若取绿光 $\lambda = 5500 \times 10^{-7}$mm，则：

$$Mg(\min) = \frac{2 \times 0.15 \times N_A}{5500 \times 10^{-7}} \approx 550 N_A,$$

$$Mg(\max) = \frac{2 \times 0.30 \times N_A}{5500 \times 10^{-7}} \approx 550 N_A。$$

这说明在 $550N_A \sim 1000N_A$ 范围内的放大倍数均称有效放大倍数。但随着光学零件的设计完善与照明方式的不断改进,以上范围并非严格限制。有效放大倍数的范围对物镜和目镜的正确选择十分重要。例如物镜的放大倍数是 25,数值孔径为 $N_A = 0.4$,即有效放大倍数应为 200~400 倍范围内,应选用 8 或 16 倍的目镜才合适。

3. 物镜与目镜的种类及标志

(1)物镜的种类。

物镜是成像的重要部分,而物镜的优劣取决于其本身像差的校正程度,所以物镜通常是按照像差的校正程度来分类,一般分为消色差及平面消色差物镜、复消色差及平面复消色差物镜、半复消色差物镜、消像散物镜等。因为对图像质量影响很大的像差是球面像差、色像差和像域弯曲,前二者对图像中央部分的清晰度有很大影响,而像域弯曲对图像的边缘部分有很大影响。除此之外,还有按物体与物镜间介质分类的,有介质为空气的干系物镜和介质为油的油系物镜。按放大倍数分类的低、中、高倍物镜和特殊用途的专用显微镜上的物镜如高温反射物镜、紫外线物镜等。

按像差分类的常用的几种物镜如下:

①消色差及平面消色差物镜。消色差物镜对像差的校正仅为黄、绿两个波区,使用时宜以黄绿光作为照明光源,或在入射光路中插入黄绿色滤色片,以使像差大为减少,图像更为清晰。而平面消色差物镜还对像域弯曲进行了校正,使图像平直,边缘与中心能同时清晰成像。适用于金相显微摄影。

②复消色差及平面复消色差物镜。复消色差物镜色差的校正包括可见光的全部范围,但部分放大率色差仍然存在。而平面复消色差物镜还进一步作了像域弯曲的校正。

③半复消色差物镜。像差校正介于消色差和复消色差物镜之间,其他光学性质与复消色差物镜接近。其价格低廉,常用来代替复消色差物镜。

(2)物镜的标志。

①物镜类别。国产物镜,用物镜类别的汉语拼音字头标注,如平面消色差物镜标以"PC"。西欧各国产物镜多标有物镜类别的英文名称或字头,如平面消色差物镜标以"Plan-archromatic 或 Pl",消色差物镜标以"Achromatic",复消色差物镜标以"Apochromatic"。

②物镜的放大倍数和数值孔径。标在镜筒中央位置,并以斜线分开,如 $10 \times /0.30$、$45 \times /0.63$。斜线前为放大倍数,如 $10 \times$、$45 \times$,其后为物镜的数值孔径,如 0.30、0.63。

③适用的机械镜筒长度如 170、190、$\infty /0$,表示机械镜筒长度(物镜座面到目镜筒顶面的距离)为 170、190,无限长,0 表示无盖波片。

④油浸物镜标有特别标注,刻以 HI、oil,国产物镜标有油或 Y。

物镜的标志,如图 2 - 9 所示。

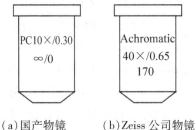

（a）国产物镜　　　（b）Zeiss 公司物镜

PC—平场；Achromatic—消色差；10×—放大倍数；40×—放大倍数；0.30—数值孔径；

0.65—数值孔径；∞—机械镜筒长度；170—机械镜筒长度；0—无盖波片

图 2 - 9　物镜的性能标志

（3）目镜的类型。

目镜的作用是将物镜放大的像再次放大,在观察时于明视距离处形成一个放大的虚像,而在显微摄影时,通过投影目镜在承影屏上形成一个放大的实像。

目镜按像差校正及适用范围分类如下:

①负型目镜（如福根目镜）。由两片单一的平凸透镜在中间夹一光栏组成,接近眼睛的透镜称目透镜,起放大作用,另一个称场透镜,使图像亮度均匀,未对像差加以校正,只适用于与低中倍消色差物镜配合使用。

②正型目镜（如雷斯登目镜）。与上述不同的是光栏在场透镜外面,它有良好的像域弯曲校正,球面像差也较小,但色差比较严重,同倍数下比负型目镜观察视场小。

③补偿型目镜。是一种特制目镜,结构较复杂,用以补偿校正残余色差,宜与复消色差物镜配合使用,以获得清晰的图像。

④摄影目镜。专用于金相摄影,不能用于观察,球面像差及像域弯曲均有良好的校正。

⑤测微目镜。用于组织的测量,内装有目镜测微器,与不同放大倍数的物镜配合使用时,测微器的格值不同。

（4）目镜的标志。

通常一般目镜上只标有放大倍数,如 7×、10×、12.5× 等,补偿型目镜上还有一个 K 字,广视域目镜上还标有视场大小,如图 2 - 10 所示。

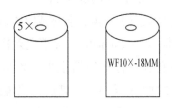

（a）普通目镜　　　（b）广视域目镜

5×—放大倍数；WF—广视域；10×—放大倍数；18MM—视场大小

图 2 - 10　目镜的标志

2.1.2　金相样品的制备方法

在用金相显微镜来检验和分析材料的显微组织时,需将所分析的材料制备成一定尺寸的试样,并经磨制、抛光与腐蚀工序,才能进行材料的组织观察和研究工作。

1. 金相样品的制备过程

金相样品的制备过程一般包括如下步骤:取样、镶嵌、粗磨、细磨、抛光和腐蚀。分别叙述如下:

(1)取样。

①选取原则。应根据研究目的选取有代表性的部位和磨面,例如,在研究铸件组织时,由于偏析现象的存在,必须从表层到中心,同时取样观察;对于轧制及锻造材料则应同时截取横向和纵向试样,以便分析表层的缺陷和非金属夹杂物的分布情况;对于一般的热处理零件,可取任一截面。

②取样尺寸。截取的试样尺寸,通常直径为 12 ~ 15mm,高度和边长为 12 ~ 15mm 的圆柱形和方形,原则以便于手握为宜。

③截取方法。视材料性质而定,软的可用手锯或锯床切割,硬而脆的可用锤击,极硬的可用砂轮片或电脉冲切割。无论采取哪种方法,都不能使样品的温度过于升高而使组织变化。

(2)镶嵌。

当试样的尺寸太小或形状不规则时,如细小的金属丝、片、小块状或要进行边缘观察时,可将其镶嵌或夹持,如图 2 - 11 所示。

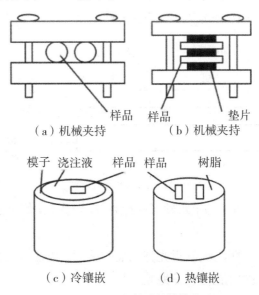

(a)机械夹持　　　　　(b)机械夹持

(c)冷镶嵌　　　　　(d)热镶嵌

图 2 - 11　金相样品的镶嵌方法

①热镶嵌。用热凝树脂(如胶木粉等),在镶嵌机上进行。适应于在低温及不大的压

力下组织不产生变化的材料。

②冷镶嵌。用树脂加固化剂(如环氧树脂和胺类固化剂等)进行,不需要设备,在模子里浇铸镶嵌。适应于不能加热及加压的材料。

③机械夹持。通常用螺丝将样品与钢板固定,样品之间可用金属垫片隔开,也适应于不能加热的材料。

(3)粗磨。

取好样后,为了获得一个平整的表面,同时去掉取样时有组织变化的部分,在不影响观察的前提下,可将棱角磨平,并将观察面磨平,一定要将切割时的变形层磨掉。一般的钢铁材料常在砂轮机上磨制,压力不要过大,同时用水冷却,操作时要当心,防止手指等损伤。而较软的材料可用锉刀磨平。砂轮的选择,磨料粒度为40、46、54、60等号,数值越大越细,材料为白刚玉、棕刚玉、绿碳化硅、黑碳化硅等,代号分别为 GB、GZ、GC、TH 或 WA、A、TL、C,尺寸一般为外径×厚度×孔径 = 250×25×32,表面平整后,将样品及手用水冲洗干净。

(4)细磨。

以消除粗磨存在的磨痕,获得更为平整光滑的磨面,是在一套粒度不同的金相砂纸上由粗到细依次进行磨制,砂纸号数一般 120、280、400、600、1000 或 120、280、500、800、1200 号,粒度由粗到细,对于一般的材料(如碳钢样品)磨制方式为:

①手工磨制。将砂纸铺在玻璃板上,一手按住砂纸,一手拿样品在砂纸上单向推磨,用力要均匀,使整个磨面都磨到,更换砂纸时,要把手、样品、玻璃板等清理干净,并与上道磨痕方向垂直磨制,磨到前道磨痕完全消失时才能更换砂纸,如图 2-12 所示。也可用水砂纸进行手工湿磨,即在序号为240、300、600、1000 的水砂纸上边冲水边磨制。

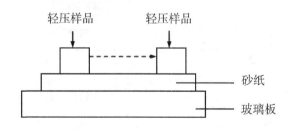

图 2-12　砂纸上磨制方法

②机械磨制。在预磨机上铺上水砂纸进行磨制,与手工湿磨方法相同。

(5)抛光。

目的是消除细磨留下的磨痕,获得光亮无痕的镜面。方法有机械抛光、电解抛光、化学抛光和复合抛光等,最常用的是机械抛光。

①机械抛光。机械抛光是在专用的抛光机上进行抛光,靠极细的抛光粉和磨面间产生的相对磨削和滚压作用来消除磨痕的,分为粗抛光和细抛光两种,如图 2-13 所示。

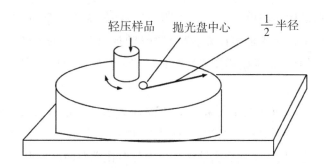

图 2 - 13　样品在抛光盘中心与边缘之间抛光

粗抛光一般是在抛光盘上铺以细帆布,抛光液通常为 Cr_2O_3、Al_2O_3 等粒度为 $1\sim 5\mu m$ 的粉末制成水的悬浮液,一般一升水加入 $5\sim 10g$,手握样品在专用的抛光机上进行。边抛光边加抛光液,一般的钢铁材料粗抛光可获得光亮的表面。细抛光是在抛光盘上铺以丝绒、丝绸等,用更细的 Al_2O_3、Fe_2O_3 粉制成水的悬浮液,与粗抛光的方法相同。样品磨面上磨痕越来越不明显,如图 2 - 14 所示。

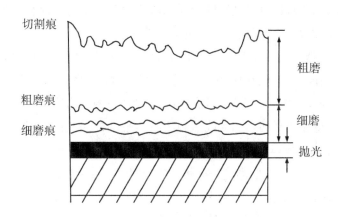

图 2 - 14　样品磨面上磨痕变化示意图

②电解抛光。电解抛光是利用阳极腐蚀法使样品表面光滑平整的方法,把磨光的样品浸入电解液中,样品作为阳极,阴极可用铝片或不锈钢片制成,接通电源,一般用直流电源,由于样品表面高低不平,在表面形成一层厚度不同的薄膜,凸起的部分膜薄,因而电阻小,电流密度大,金属溶解的速度快,而下凹的部分形成的膜厚,溶解的速度慢,使样品表面逐渐平坦,最后形成光滑表面。

电解抛光优点是只产生纯化学的溶解作用,无机械力的影响,所以能够显示金相组织的真实性,特别适应于有色金属及其他的硬度低、塑性大的金属。如铝合金、不锈钢等,缺点是对非金属夹杂物及偏析组织、塑料镶嵌的样品等不适应。

③化学抛光。化学抛光是靠化学试剂对样品表面凹凸不平区域的选择性溶解作用消除磨痕的一种方法。化学抛光液,多数由酸或混合酸、过氧化氢及蒸馏水组成,酸主要起化学溶解作用,过氧化氢提高金属表面的活性,蒸馏水为稀释剂。

化学抛光优点是操作简单,成本低,不需专门设备,抛光同时还兼有化学浸蚀作用。可直接观察。缺点是样品的平整度差,夹杂物易蚀掉,抛光液易失效,只适应于低、中倍观察。对于软金属如锌、铅等化学抛光比机械抛光、电解抛光效果更好。

(6)腐蚀。

经过抛光的样品,在显微镜下观察时,除非金属夹杂物、石墨、裂纹及磨痕等能看到外,只能看到光亮的磨面,要看到组织必须进行腐蚀。腐蚀的方法有多种,如化学腐蚀、电解腐蚀、恒电位腐蚀等,最常用的是化学腐蚀法。下面分析化学腐蚀显示组织的基本过程。

①化学腐蚀法的原理。化学腐蚀的主要原理是利用浸蚀剂对样品表面引起的化学溶解作用或电化学作用(微电池作用)来显示组织。

②化学腐蚀的方式。化学腐蚀的方式取决于组织中组成相的性质和数量。纯粹的化学溶解是很少的。一般把纯金属和均匀的单相合金的腐蚀主要看作是化学溶解过程,两相或多相合金的腐蚀,主要是电化学溶解过程。

(a)纯金属或单相合金的化学腐蚀。它是一个纯化学溶解过程,由于其晶界上原子排列紊乱,具有较高的能量,故易被腐蚀形成凹沟。同时由于每个晶粒排列位向不同,被腐蚀程度也不同,所以在明场下显示出明暗不同的晶粒。

(b)两相合金的腐蚀。主要是一个电化学的腐蚀过程,由于各组成相具有不同的电极电位,样品浸入腐蚀剂中,就在两相之间形成无数对微电池。具有负电位的一相成为阳极,被迅速溶入浸蚀剂中形成低凹,具有正电位的另一相成为阴极,在正常的电化学作用下不受浸蚀而保持原有平面。当光线照到凹凸不平的样品表面上时,由于各处对光线的反射程度不同,在显微镜下就看到各种的组织和组成相。

(c)多相合金的腐蚀。一般而言,多相合金的腐蚀,同样也是一个电化学溶解的过程,其腐蚀原理与两相合金相同。但多相合金的组成相比较复杂,用一种腐蚀剂来显示多种相难于达到,只有采取选择腐蚀法等专门的方法才行。

③化学腐蚀剂。化学腐蚀剂是用于显示材料组织而配制的特定的化学试剂,多数腐蚀剂是在实际的实验中总结归纳出来的。一般腐蚀剂是由酸、碱、盐以及酒精和水配制而成,钢铁材料最常用的化学腐蚀试剂是3%～5%硝酸酒精溶液,各种材料的腐蚀剂可查阅有关手册。

④化学腐蚀方法。一般有浸蚀法、滴蚀法和擦蚀法,如图2－15所示。

(a)浸蚀法　　(b)滴蚀法　　(c)擦蚀法

图2－15　化学腐蚀方法

（a）浸蚀法：将抛光好的样品放入腐蚀剂中，抛光面向上，或抛光面向下，浸入腐蚀剂中，不断观察表面颜色的变化，当样品表面略显灰暗时，即可取出，充分冲水冲酒精，再快速用吹风机充分吹干。

（b）滴蚀法：是一手拿样品，表面向上，用滴管吸入腐蚀剂滴在样品表面，观察表面颜色的变化情况，当表面颜色变灰时，再过2～3秒即可充分冲水冲酒精，再快速用吹风机充分吹干。

（c）擦蚀法：用沾有腐蚀剂的棉花轻轻地擦拭抛光面，同时观察表面颜色的变化，当样品表面略显灰暗时，即可取出，充分冲水冲酒精，再快速用吹风机充分吹干。

经过上述操作后，腐蚀完成，金相样品的制备即告结束，这时候要将手和样品的所有表面都完全干燥后，方可在显微镜下观察和分析金相样品的组织。

2.1.3　实训目的

（1）初步学会金相样品制备的基本方法。

（2）了解样品制备过程中产生的缺陷及防止措施。

（3）熟悉金相显微镜的基本原理及使用方法。

（4）初步认识金相显微镜下的组织特征。

2.1.4　实训设备及试样

多媒体设备一套、金相显微镜数台、抛光机、吹风机、样品、不同号数的砂纸、玻璃板、抛光粉悬浊液、4%的硝酸酒精溶液、酒精、棉花等。

2.1.5　实训内容及步骤

1. 实训内容

（1）阅读实验指导书上的有关内容及认真听取教师对实验内容等的介绍。

（2）观看金相样品制备及显微镜使用的视频。

（3）每位同学领取一块样品、一套金相砂纸、一块玻璃板。按上述金相样品的制备方法进行操作。操作中必须注意每一步骤中的要点及注意事项。

（4）将制好的样品放在显微镜上观察，注意显微镜的正确使用，并分析样品制备的质量好坏，初步认识显微镜下的组织特征。

2. 实训步骤

（1）XJP‑3A型金相显微镜操作步骤。

①将显微镜的光源与6V的变压器接通，把变压器与220V电源接通，并打开开关。

②根据放大倍数选择适当的物镜和目镜，用物镜转换器将其转到固定位置，需调整

两目镜的中心距,以使与观察者的瞳孔距相适应,同时转动目镜调节圈,使其示值与瞳孔距一致。

③把样品放在载物台上,使观察面向下。转动粗调手轮,使载物台下降,在看到物体的像时,再转动微调焦手轮,直到图像清晰。

④纵向手轮和横向手轮可使载物台在水平面上作一定范围内的十字定向移动,用于选择视域,但移动范围较小,要一边观察,一边转动。

⑤转动孔径光栏至合适位置,得到亮而均匀的照明。

⑥转动视场光栏使图像与目镜视场大小相等,以获得最佳质量的图像。

(2)金相显微镜操作注意事项。

①在用显微镜进行观察前必须将手洗净擦干,并保持室内环境的清洁,操作时必须特别仔细,严禁任何剧烈的动作。

②显微镜的低压灯泡,切勿直接插入220V的电源上,应通过变压器与电源接通。

③显微镜的玻璃部分及样品观察面严禁手指直接接触。

④在转动粗调手轮时,动作一定要慢,若遇到阻碍时,应立即停止操作,报告指导教师,千万不能用力强行转动,否则仪器损坏。

⑤要观察用的金相样品必须完全干燥。

⑥选择视域时,要缓慢转动手轮,边观察边进行,勿超出范围。

(3)金相样品制备的操作步骤。

金相样品的制备过程一般包括取样、镶嵌、粗磨、细磨、抛光和腐蚀步骤。虽然随着科学的不断发展,样品制备的设备越来越先进,自动化的程度越来越高,有预磨机、自动抛光机等,但目前在我国手工制备金相样品的方法,由于有许多优点仍在广泛使用。

①取样:在要检测的材料或零件上截取样品,取样部位和磨面根据分析要求而定,截取方法视材料硬度选择,有车、刨、砂轮切割机、线切割机及锤击法等,尺寸以适宜手握为宜。

②镶嵌:若由于零件尺寸及形状的限制,使取样后的尺寸太小、不规则,或需要检验边缘的样品,应将分析面整平后进行镶嵌。有热镶嵌和冷镶嵌及机械夹持法。应根据材料的性能选择。

③粗磨:用砂轮机或锉刀等磨平检验面,若不需要观察边缘时可将边缘倒角。粗磨的同时去掉了切割时产生的变形层。

④细磨:按金相砂纸号顺序:120、280、400、600、1000 或 120、280、500、800、1200 将砂纸平铺在玻璃板上,一手拿样品,一手按住砂纸磨制,更换砂纸时,磨痕方向应与上道磨痕方向垂直,磨到前道磨痕消失为止,砂纸磨制完毕,将手和样品冲洗干净。

⑤抛光:粗抛光时用绿粉(Cr_2O_3)水溶液作为抛光液在帆布上进行抛光,将抛光液少量多次地加入到抛光盘上进行抛光。细抛光是用红粉(Fe_2O_3)水溶液作为抛光液在绒布

上抛光,将抛光液少量多次地加入到抛光盘上进行抛光。

⑥腐蚀:抛光好的金相样品表面光亮无痕,若表面干净干燥,可直接腐蚀,若有水分可用酒精冲洗吹干后腐蚀。将抛光面浸入选定的腐蚀剂中(钢铁材料最常用的腐蚀剂是3%～5%的硝酸酒精),或将腐蚀剂滴入抛光面,当颜色变成浅灰色时,再过2～3秒,用水冲洗,再用酒精冲洗,并充分干燥。

(4)金相样品制备的注意事项。

①取样时,按检验目的确定其截取部位和检验面,尺寸要适合手拿磨制,若无法做到,可进行镶嵌,并要严防过热与变形,引起组织改变。无论用哪种方法取样,都要尽量避免和减少因塑性变形和受热所引起的组织变化现象,截取时可加水等冷却。

②对尺寸太小,或形状不规则和要检验边缘的样品,可进行镶嵌或机械夹持。根据材料的特点选择热镶嵌或冷镶嵌与机械夹持。热镶嵌要在专用设备上进行,只适应于加热对组织不影响的材料。若有影响,要选择冷镶嵌或机械夹持。

③粗磨时,主要要磨平检验面,去掉切割时的变形及过热部分。同时,要防止又产生过热,并注意安全。若有渗层等表面处理时,不要倒角,且要磨掉约1.5mm,如渗碳。

④细磨时,要用力大小合适均匀,且使样品整个磨面全部与砂纸接触,单方向磨制距离要尽量的长。每道砂纸磨制时,用力要均匀,一定要磨平检验面,转动样品表面,观察表面的反光变化确定,更换砂纸时,勿将砂粒带入下道工序。

⑤抛光时,要将手与整个样品清洗干净,在抛光盘边缘和中心之间进行抛光。用力要均匀适中,少量多次地加入抛光液,并要注意安全。

⑥腐蚀前,样品抛光面要干净干燥,腐蚀操作过程衔接要迅速,以防氧化污染。

⑦腐蚀后,要将整个样品与手完全冲洗干净,并充分干燥后,才能在显微镜下进行观察与分析工作。

(5)金属材料的常用腐蚀剂。

金属材料的常用腐蚀剂,如表2-1所列,其他材料的腐蚀剂可查阅有关手册。

表2-1 金属材料常用腐蚀剂

序号	腐蚀剂名称	成分/mL(g)	腐蚀条件	适应范围
1	硝酸酒精溶液	硝酸 1～5 酒精 100	室温腐蚀数秒	碳钢及低合金钢,能清晰地显示铁素体晶界
2	苦味酸酒精溶液	苦味酸 4 酒精 100	室温腐蚀数秒	碳钢及低合金钢,能清晰地显示珠光体和碳化物
3	苦味酸钠溶液	苦味酸 2～5 苛性钠 20～25 蒸馏水 100	加热到60℃ 腐蚀5～30分钟	渗碳体呈暗黑色,铁素体不着色

续表

序号	腐蚀剂名称	成分/mL(g)	腐蚀条件	适应范围
4	混合酸酒精溶液	盐酸 10 硝酸 3 酒精 100	腐蚀 2~10 分钟	高速钢淬火及淬火回火后晶粒大小
5	王水溶液	盐酸 3 硝酸 1	腐蚀数秒	各类高合金钢及不锈钢组织
6	氯化铁、盐酸水溶液	三氯化铁 5 盐酸 10 水 100	腐蚀 1~2 分钟	黄铜及青铜的组织显示
7	氢氟酸水溶液	氢氟酸 0.5 水 100	腐蚀数秒	铝及铝合金的组织显示

(6)样品腐蚀(即浸蚀)的方法。

金相样品腐蚀的方法有多种,最常用的是化学腐蚀法,化学腐蚀法是利用腐蚀剂对样品的化学溶解和电化学腐蚀作用将组织显示出来。其腐蚀方式取决于组织中组成相的数量和性质。

①纯金属或单相均匀的固溶体的化学腐蚀方式。纯金属或单相均匀的固溶体的化学腐蚀方式及效果,如图 2 - 16 所示。

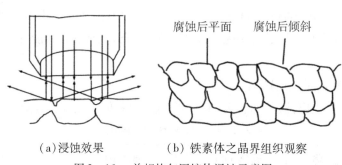

(a)浸蚀效果　　　　(b)铁素体之晶界组织观察

图 2 - 16　单相均匀固熔体浸蚀示意图

其腐蚀主要为纯化学溶解的过程。例如工业纯铁退火后的组织为铁素体和极少量的三次渗碳体,可近似看作是单相的铁素体固溶体,由于铁素体晶界上的原子排列紊乱,并有较高的能量,因此晶界处容易被腐蚀而显现凹沟,同时由于每个晶粒中原子排列的位向不同,所以各自溶解的速度各不一样,使腐蚀后的深浅程度也有差别。在显微镜明场下,即垂直光线的照射下将显示出亮暗不同的晶粒。

②两相或两相以上合金的化学腐蚀方式。对两相或两相以上的合金组织,腐蚀主要为电化学腐蚀过程。例如共析碳钢退火后层状珠光体组织的腐蚀过程,层状珠光体是铁素体与渗碳体相间隔的层状组织。在腐蚀过程中,因铁素体具有较高的负电位而被溶

解,渗碳体具有较高的正电位而被保护,在两相交界处铁素体一侧因被严重腐蚀而形成凹沟。因而在显微镜下可以看到渗碳体周围有一圈黑,显示出两相的存在,两相组织浸蚀过程,如图2-17所示。

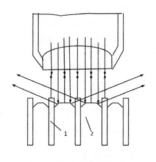

(a)浸蚀效果　　　　(b)层片状珠光体组织

图2-17　两相组织浸蚀示意图

2.1.6　实训报告要求

(1)简述金相显微镜的基本原理和主要结构。

(2)叙述金相显微镜的使用方法要点及其注意事项。

(3)简述金相样品的制备步骤。

(4)结合实验原始记录,分析自己在实际制样中出现的问题,并提出改进措施。

(5)对本次实验的意见和建议。

2.2　铸钢和铸铁的平衡组织和非平衡组织的观察与分析

2.2.1　铸钢的金相检验的实训知识准备

1. 铸钢的分类及其特点

铸钢和轧钢的成分大致相当,铸钢中碳的质量分数一般不超过0.6%,常用铸钢的碳量为低碳或中低碳。碳的含量过高,将使钢的铸造性能恶化,且使铸钢的塑性不足,易产生龟裂。

铸钢的牌号、成分、性能及用途,如表2-2所列。牌号中的"ZG"表示铸钢,碳素铸钢在"ZG"后的两组数字分别表示该钢中的屈服强度和抗拉强度。例如 ZG200—400、ZG230—450、ZG270—500、ZG310—570、ZG340—640。

表 2 - 2　一般工程用铸钢的牌号、成分、性能及用途（摘自 GB/T11352—1989）

牌号		力学性能			用途举例
新	旧	R_e/MPa	R_m/MPa	A/%	
ZG200—400	ZG15	200	400	25	用于机座、电器吸盘、变速箱体等受力不大但要求任性的零件
ZG230—450	ZG25	230	450	22	用于载荷不大、韧性较好的零件,如输承盖、底板、阀体、机座等
ZG270—500	ZG35	270	500	18	应用广泛,用于制作飞轮、车辆车钩、轴承座、连杆、箱体及曲拐等
ZG310—570	ZG45	310	570	15	用于重载荷零件、联轴器、大齿轮、缸体、机架、制动轮、轴及辊子等
ZG340—640	ZG55	340	640	10	用于起重运输机齿轮、联轴器、齿轮、车轮、螺轮及叉头等

合金铸钢"ZG"其后的数字表示碳的平均质量分数,以万分之几表示。合金元素后的数字一般表示质量分数的百分之几。常见的有 ZG15Mo、ZG25Mo、ZG40Mo2、ZG40Gr、ZG35CrMo、ZG20SiMn、ZG35SiMn 等。

2. 铸钢的铸态组织特点

铸钢的铸态组织为:铁素体 + 珠光体 + 魏氏组织。

(1)晶粒粗大,酸浸蚀后可见明显的树枝晶,常有魏氏组织出现。

由于铸钢的浇注温度很高,凝固冷却的速度缓慢,生成的组织为粗大的树枝晶。越是壁厚的铸件,冷却速度越慢,晶粒越是粗大。钢液凝固时主要以树枝晶方式生长,先结晶的枝干含杂质元素少,最后凝固的部分杂质多,非金属夹杂物多,所以经酸浸蚀后,宏观可以看到粗大的树枝晶显示出来。魏氏组织是常常伴随着粗晶而出现的,一般铸件内部或多或少有不同程度的魏氏组织存在。图 2 - 18 为 ZG230—450 钢的铸态组织。

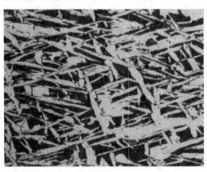

图 2 - 18　ZG230—450 钢的铸态组织(100 ×)

魏氏组织的形态在前面有介绍,铸钢中的魏氏组织是铁素体魏氏组织,其特征为铁素体成针状或三角形,也有时称之为旗形的状态分布在晶界上,由奥氏体晶界向晶内呈方向性生长。魏氏组织铁素体的具体形貌,取决于冷却条件,冷却速度慢时是三角形,冷却速度快时是以针状、锯齿状或呈现羽毛状成排分布。魏氏组织的存在,大大降低了铸钢的力学性能,特别是使铸钢的脆性显著增加。

铸态组织的组成相各自所占的比例与铸钢材质的含碳量有关。含碳量越低的铸钢,铁素体越多,魏氏组织针形越明显、发达,数量越多。随着铸钢含碳量的增加,珠光体数量增多,魏氏组织的针状或三角形的铁素体数量减少,针齿变短,而以块状和晶界上的网状形式存在的铁素体却变得粗化,数量增多。图2-19为ZG310—570钢的铸态组织,试比较图2-19与图2-18中的魏氏组织形态的不同,含碳高的铸钢珠光体多,魏氏组织细小。但是成分相同的铸钢,由于铸件壁厚等因素导致的冷却条件不同,也会产生不同的组织。较小的铸件,由于过冷度较大,奥氏体晶内析出大量针状铁素体,构成严重魏氏组织,如图2-20所示。

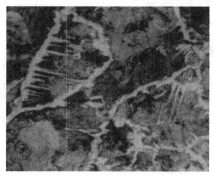 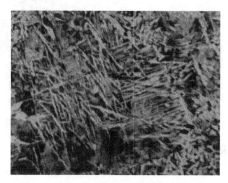

图2-19　ZG310—570钢的铸态组织(100×)　　　图2-20　ZG310—570钢的铸态组织(50×)

(2)成分偏析和组织不均匀。

铸件内部各部位冷却时机不同,前面说到铸件的凝固是以树枝晶的方式生长长大,先结晶的枝干内含高熔点的组元多,随着继续冷却,温度降低,后结晶的末梢在先形成的枝干间含低熔点的组元多,这种成分的不均匀现像就叫作成分偏析。由于成分的不同,生成的组织亦不同,那么铸钢件的组织就存在不均匀现像。铸钢中的非金属夹杂物含大量低熔点元,是在相对低温时形成的,所以存在于树枝晶的树枝间。铸钢件凝固的冷却速度越快,成分偏析和组织不均匀越严重。非金属夹杂物沿晶界呈断续网状分布,也会大大增加铸钢的脆性。

(3)存在各种铸造缺陷。

铸钢件是由钢液浇铸而成,和铸铁件一样都属于铸件。铸件经常会有铸造缺陷存在,缺陷的数量和大小会由于生产条件不同而异。铸件的宏观组织缺陷常见有气孔、残余缩孔、缩松、夹杂等。这些缺陷的存在一旦超标,会严重影响铸钢件的性能,需要严格把关控制。

3.铸钢热处理后的组织特点

铸钢件的铸态组织可以通过热处理得到改善,热处理后的组织,晶粒细化、魏氏组织消除、偏析减少、铸造应力降低。常用的热处理方式有退火、正火、淬火回火、高频局部淬火。退火的类型有去应力退火、高温扩散退火、完全退火和不完全退火。退火对组织和性能的影响作用可参考第一单元的相关内容。完全退火后的铸钢件组织为细小的铁素体加珠光体,铸态的组织特点已经不存在。图 2 – 21 为 ZG25Mo 钢经退火 + 正火 + 回火处理的组织。

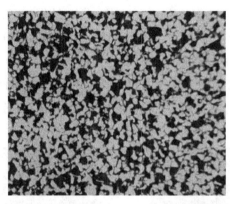

图 2 – 21　ZG25Mo 钢经退火 + 正火 + 回火处理的组织(100 ×)

一般情况,铸钢件的交货状态是正火态。正火后的组织性能高于退火后的性能,为达到这一目的,铸钢件常采用正火处理代替退火。正火后的组织更均匀细小,组织为铁素体 + 珠光体,有时还会出现贝氏体或马氏体。几种常用铸造碳钢的组织,如表 2 – 3 所列。

表 2 – 3　常用铸造碳钢的组织

牌号		ZG200—400	ZG230—450	ZG270—500	ZG310—570	ZG340—640
显微组织	铸态	魏氏组织 + 块状铁素体 + 珠光体		珠光体 + 魏氏组织 + 铁素体	珠光体 + 铁素体	
					部分铁素体呈网状分布	铁素体呈网状分布
	退火	铁素体 + 珠光体			珠光体 + 铁素体	
		珠光体呈断续网状分布	珠光体呈网状分布			
	正火	铁素体 + 珠光体			珠光体 + 铁素体	
	调质	—			回火索氏体	

4. 铸钢的金相检验项目

铸造碳钢的金相检验标准,现行的有 GB/T11352—1989《一般工程用铸造碳钢件》标准。铸钢的金相检验应该按照标准进行,主要评定项目是显微组织分析、晶粒度评级和非金属夹杂物的评级。金相试样的选取,根据标准规定应该在力学性能试样上切取,特殊情况供需双方协商确定。

（1）显微组织的检验。

金相试样磨抛完成后，经 2% ~ 4% 的硝酸酒精浸蚀，在 100 倍下观察，将组织与使用标准 GB/T11352—1989 中提供的组织图对照评定。调质态的组织需在 500 倍下评定，其他铸态、退火、正火态均在 100 倍下评定。标准分别给出了多种钢号的不同热处理状态的正常和非正常组织照片，供评定时对照使用。表 2-4 给出了 ZG340—640 铸钢的不同热处理的显微组织。

表 2-4　ZG340—640 铸钢不同热处理的显微组织

状　态		热处理温度/℃	显微组织及特征
铸态		—	珠光体、网状分布的铁素体
退火	非正常	$Ac_1 \sim Ac_3$	球光体、铁素体、残留铸态组织
	正常	$Ac_3 + 50 \sim 150$	珠光体、铁素体
	非正常	$Ac_3 + 150$ 以上	珠光体、铁素体（组织粗化）
正火	非正常	$Ac_1 \sim Ac_3$	珠光体、铁素体、残留铸态组织
	正常	$Ac_3 + 50 \sim 150$	珠光体、铁素体
	非正常	$Ac_3 + 150$ 以上	珠光体、网状分布的铁素体（组织粗化）
调质	非正常	$Ac_1 \sim Ac_3$ 水淬 + 回火	回火索氏体、未熔铁素体
	正常	$Ac_3 + 50 \sim 150$ 水淬 + 回火	回火索氏体
	非正常	$Ac_3 + 150$ 以上水淬 + 回火	回火索氏体（组织粗化）

（2）晶粒度评级。

晶粒度的评级一般是按照 GB/T11352—1989 标准规定进行，在 100 倍下与标准对照评级。若不是在 100 倍下，则按照 GB/T6394—2002《金属平均晶粒度测定法》进行评级。

（3）非金属夹杂物的评级。

非金属夹杂物的评级仍是按照 GB/T11352—1989 标准规定进行，评定时在 100 倍以最严重的视场评定结果为准。

5. 铸造高锰钢的金相检验

高锰钢又称耐磨钢，典型牌号是 ZGMn13，以铁为基体材料，其主要合金元素是碳和锰，$\omega_C = 0.9\% \sim 1.5\%$，$\omega_{Mn} = 11\% \sim 14\%$，通常锰碳比 Mn/C 控制在 9 ~ 11 之间。碳具有提高加工硬化的特性，使切削加工很难进行，因此高锰钢零件多数是采用铸造成形，也就是说使用中的高锰钢零件几乎都是铸造高锰钢材质。

（1）高锰钢的铸态组织。

高锰钢的平衡缓冷的铸态组织应该为奥氏体基体 + 少量珠光体型共析组织 + 大量物；工业生产中的铸造高锰钢铸态组织为奥氏体基体 + 针状马氏体，晶界上的莱氏体 +

托氏体＋贝氏体等混合组织,如图 2 - 22 所示。白色基体为奥氏体(箭头 1,显微硬度 226HV),其上分布有长针状的马氏体。奥氏体晶界上的黑色块状为托氏体(箭头 2,显微硬度 477HV),大块灰白色鱼骨状为碳化物,与奥氏体构成莱氏体(箭头 3,显微硬度 687HV),在莱氏体边上的是羽毛状贝氏体,细针状为马氏体。

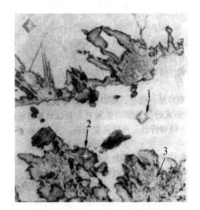

图 2 - 22   ZGMn13 钢铸态组织(500 ×)

(2)高锰钢的水韧处理。

铸造高锰钢铸态组织中存在着沿奥氏体晶界析出的碳化物和托氏体等,使钢的力学性能变差,特别是使冲击韧度和耐磨性降低,所以需要经过水韧处理加以改善。所谓水韧处理是将高锰钢铸件加热到 1050 ~ 1100℃,使碳化物全部溶解到奥氏体中,然后在水中激冷,防止碳化物析出,以获得均匀单相奥氏体组织,从而使其具有强韧结合的优良性能。水韧处理后的组织,如图 2 - 23 所示。水韧处理后的零件硬度很低,一般为 180 ~ 220HB,冲击韧度很高 $\alpha_K \geqslant 150J/cm^2$,能够

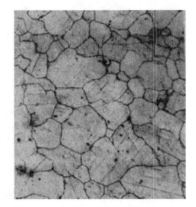

图 2 - 23   ZGMn13 钢水水韧处理组织(100 ×)

承受强大的冲击载荷。在工作时,如受到强烈的冲击、压力、摩擦力,表面会因为塑性变形产生强烈的加工硬化,使硬度达到 50 ~ 55HRC,从而使表面具有高的耐磨性。内层仍保持原来奥氏体的高塑性和高韧性。

由于高锰钢的这些特性,所以这些材料适用于制作坦克、拖拉机的履带、碎石机颚板、铁路岔道、挖掘机铲斗的斗齿等。

(3)高锰钢的金相检验项目。

水韧处理的质量影响着高锰钢的耐磨性,因此需要严格控制水韧处理的加热温度,对水韧处理后的组织要求进行金相检验。若水韧处理的高锰钢组织未达到单相奥氏体,则说明水韧处理温度太低,使韧性变差;若获得单相奥氏体的晶粒粗大(晶粒度大于 5 级),则说明水韧处理的温度太高,使零件的屈服强度降低,而且表面容易氧化和脱碳。高锰钢水韧处理后一般不进行回火处理,也不适合在 250℃以上的工作温度服役。

高锰钢零件表面受力超过其屈服强度时,就会产生加工硬化现象,因此,在制取金相试样时,应该注意在砂轮磨平时不应用力太重,需及时加水冷却。进行磨光时,最后用水砂纸在湿态下磨制。抛光也要轻,冷却要及时。

浸蚀高锰钢试样用3%～5%的硝酸酒精溶液浸蚀,再用4%～6%盐酸酒精溶液去除表面腐蚀产物和变形层,在500倍下观察,选择最严重的视场评定。

评定时按照GB/T13925—1992《铸造高锰钢金相》标准,进行显微组织、晶粒度和金属夹杂物的级别评定。标准中对显微组织的碳化物类型,即未溶、析出、过热碳化物各自特征分别在不同系列的评级图中给出了说明。晶粒度的评定按照GB/T639—2002《金属平均晶粒度测定法》。非金属夹杂物评定按照GB/T5680—1998《高锰钢铸件》规定,1～2级为合格。

2.2.2　铸铁的金相检验的实训知识准备

1.铸铁的分类及其组织和性能

铸铁是碳质量分数大于2.11%的铁碳合金。除了碳之外,铸铁还含有较多的硅、锰和其他一些杂质元素。与钢相比,铸铁熔炼简便,成本低廉,虽然强度、塑性和韧性较低,但是有优良的铸造性能。石墨的存在,使铸铁有较好的减振性和耐磨性,并且石墨的润滑作用和断屑作用,使之切削加工性能良好。因此,铸铁件得到广泛的应用。

根据碳在铸铁中存在的形式,铸铁可分为:白口铸铁、灰口铸铁、麻口铸铁。

白口铸铁中碳主要以渗碳体形式存在,断口呈白亮色,所以称白口铸铁。灰口铸铁中碳主要以游离碳,即石墨的形式存在,断口呈灰色。灰口铸铁又以石墨碳的存在形式,分为普通灰铸铁、球墨铸铁、蠕墨铸铁、可锻铸铁几种。灰口铸铁是铸铁应用最广的一类。灰口铸铁中除以石墨形式存在的碳外,其基体与钢具有相同的金属基体。铸铁的全体相当于纯铁、亚共析钢和共析钢的组织。即金属基体可以有铁素体、珠光体＋铁素体、珠光体三种类型。麻口铸铁中碳既有以石墨形式存在,又有以渗碳体的形式存在,断口呈黑白相间的麻点状。这类铸铁脆性大,耐磨性又不如白口铸铁,所以很少使用。

(1)白口铸铁。

根据含碳量的多少,形成的组织不同,白口铸铁可分为亚共晶白口铁、共晶白口铁和过共晶白口铁。

共晶白口铁的室温组织为室温莱氏体,由白色的渗碳体和黑色的珠光体组成,如图2－24所示。渗碳体是基体,珠光体呈蜂窝点状均匀分布在原奥氏体晶界位置,珠光体较粗大。

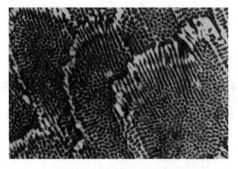

图2－24　共晶白口铁的室温组织(100×)

图 2 - 25 为亚共晶白口铁的组织,其中基体是由麻点的室温莱氏体构成,基体上的黑色组为珠光体,珠光体是由亚共晶铁液中先析出的奥氏体在共析温度之后转变而成的。

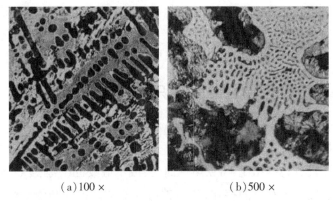

　　　　(a)100 ×　　　　　　　　　　(b)500 ×

图 2 - 25　亚共晶白口铁组织

过共晶白口铁的组织,如图 2 - 26 所示,基体是室温莱氏体,分布在基体之上贯穿整个视场的白色组织是渗碳体,这种粗大的渗碳体是共晶铁液中先析出的一次渗碳体。

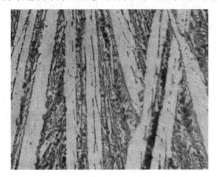

图 2 - 26　过共晶白口铁组织(100 ×)

由于渗碳体硬脆,所以使用白口铸铁一般都采用共晶成分或亚共晶成分。白口铸铁是在快速冷却下得到的,生产上一般采用金属型模浇铸获得的。受冷却条件的制约,激冷作用只能得到一定深度的白口层,其内层是麻口,再往心部逐渐过渡到灰口。白口层中的共晶莱氏体具有高硬度和高耐磨性,为保证其耐磨性,对白口层深度应进行金相检验。金相试样要取与激冷表面垂直的切面,在切面磨制的金相磨面上,由激冷最表面向内观察,测量白口层深度。

　　(2)普通灰铸铁。

普通灰铸铁俗称灰铸铁,是由一定成分的铁液浇铸而成,其生产工艺简单,铸造性能优良,是生产中应用最广的一种铸铁,约占铸铁总量的80%。灰铸铁的石墨主要以片状形式存在。

（3）球墨铸铁。

球墨铸铁是铁液经过球化剂、孕育剂处理后浇铸得到的一种铸铁。其中的碳主要以球状或团絮状的石墨形式存在，是一种具有多种优良性能的铸铁。

（4）蠕墨铸铁。

蠕墨铸铁是在铁液中加入一定的蠕化剂并经孕育处理生产出来的一类铸铁。其中石墨大部分呈蠕虫状，少量以球状存在，其组织和性能介于球墨铸铁和灰铸铁之间，具有良好的综合性能。另外，蠕墨铸铁的铸造性能比球墨铸铁好，接近灰铸铁，并且有较好的耐热性。因此，形状复杂的铸件或高温下工作的零件可用蠕墨铸铁制造。蠕墨铸铁是近些年迅速发展起来的一种新型铸铁材料。

蠕墨铸铁的化学成分一般采用共晶点附近的成分，以便有利于改善铸造性能。通常含为 $\omega_C = 3.0\% \sim 4.0\%$，$\omega_{Si} = 1.4\% \sim 2.4\%$，$\omega_{Mn} = 0.4\% \sim 0.8\%$，$\omega_P = 0.08\%$，$\omega_S < 0.03\%$。碳含量对于薄壁件取上限值，以免出现白口，厚壁件取下限值，以免出现石墨漂浮。硅元素是典型石墨化元素，主要作用是控制基体，防止白口化。硅含量增加，基体中的珠光体量减少，铁素体量增加。锰在蠕墨铸铁中起到稳定珠光体的作用，如要求获得良好韧性的铁素体基体蠕墨铸铁，则锰取下限，要获得高强度、高硬度的珠光体基体墨铸铁，则锰取上限。磷含量在要求零件突出耐磨性时，可以提高到 $\omega_P = 0.2\% \sim 0.35\%$。硫是与蠕化剂亲和的元素，会削弱蠕化剂的作用，因此需要控制。

蠕墨铸铁中的石墨呈蠕虫状，介于片状与球状之间，比灰铸铁的石墨片要短、厚，端部圆钝，形似蠕虫，如图 2-27 所示，图 2-27(a) 为光学显微镜下的二维形态，图 2-27(b) 为扫描电镜(SEM)下的三维形态。蠕墨铸铁石墨的长度与厚度之比一般为 2~10，灰铸铁的长度与厚度之比为 >50，长厚比蠕墨铸铁比灰铸铁要小得多，所以石墨对基体的割裂作用较小，抗拉强度可达 300~450MPa。

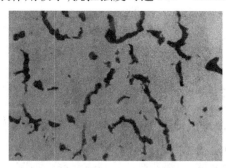　　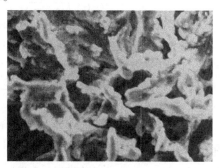

（a）未浸蚀状态(100×)　　　　　（b）SEM 照片(200×)

图 2-27　蠕墨铸铁组织

蠕墨铸铁不仅强度好，而且具有一定的韧性和耐磨性，同时又具有良好的铸造性和热导性。因此，蠕墨铸铁较适合用于强度要求较高、承受冲击载荷或热疲劳的零件。但蠕墨铸铁和球墨铸铁相似，切削加工时对刀具的磨损比灰铸铁要高。蠕墨铸铁的牌号、性能及应用，如表 2-5 所列。

蠕墨铸铁的性能主要取决于金相组织,金相组织中主要评定蠕化率指标。行业标准JB/329—1999《蠕墨铸铁金相标准》中的蠕化率是指光学显微镜中蠕虫状石墨面积占视场内全部石墨面积的百分比。

表2-5   蠕墨铸铁牌号、性能及应用(蠕化率不小于50%)

牌号	R_m/ MPa	A/%	硬度 HBS	基体组织	应用
	不小于				
R_uT420	420	0.75	200~280	珠光体	活塞环、气缸套、倒车鼓、割动盘、
R_uT380	380	0.75	193~274	珠光体	泵体、玻璃模具
R_uT340	340	1.0	170~249	珠光体+铁素体	龙门铣横梁、飞轮、起重机卷筒、液压阀体
R_uT300	300	1.5	140~217	铁素体+珠光体	排气管、变速箱体、气缸盖
R_uT260	260	3.0	121~197	铁素体	增压器应气进气光体、汽车、拖拉机的某些地盘零件

(5)可锻铸铁。

可锻铸铁是由铁液浇铸成白口铁坯料,再经过石墨化退火而得到。可锻铸铁中的碳主要以团絮状石墨形式存在,对基体的割裂效果和引起应力集中作用比灰铸铁小。与灰铸铁相比,可锻铸铁有较好的强度和塑性,很好的低温冲击性能。

根据白口铸铁石墨化退火的工艺不同,可得到铁素体基体的可锻铸铁和珠光体基体的可锻铸铁。图2-28为可锻铸铁的石墨化退火工艺。

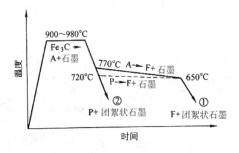

图2-28   可锻铸铁的石墨化退火工艺

图2-29(a)、(b)分别为铁素体基体的可锻铸铁和珠光体基体的可锻铸铁的显微组织。按照断口颜色的不同,可锻铸铁又分为黑心可锻铸铁和白心可锻铸铁。黑心可锻铸铁是由白口铸铁经长时间石墨化退火而得到。若白口铸铁中的渗碳体在退火过程中全部分解而石墨化,则最终得到的组织为铁素体基体+团絮状石墨,称铁素体可锻铸铁,因为其断口中心呈暗灰色,靠近表皮部分因脱碳呈灰白色,所以又称黑心可锻铸铁。若退火过程中,共析渗碳体没有石墨化,则最终组织为珠光体基体+团絮状石墨,称珠光体可锻铸铁,因其断口呈灰色,习惯上仍称为黑心可锻铸铁。

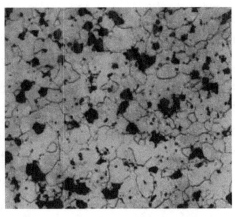 

(a)铁素体(100×)   (b)珠光体(500×)

图2-29 可锻铸铁组织

白心可锻铸铁是白口铸铁在氧化性介质中经退火和脱碳而得到。其外层组织为脱碳后得到的铁素体或铁素体+珠光体,外层没有石墨存在,心部为珠光体+少量渗碳体+团絮状石墨。断口中心呈灰白色,表层呈暗灰色,所以称白心可锻铸铁。

黑心可锻铸铁牌号由"KTH"加两组数字表示,白心可锻铸铁牌号由"KTZ"加两组数字表示,两组数字分别表示最低抗拉强度和最小伸长率。表2-6列出我国可锻铸铁牌号、性能和应用举例。

表2-6 可锻铸铁牌号、性能及应用(试样尺寸 Ø16mm)(参照 GB9440—1988)

牌 号	R_m/ MPa	$R_{p0.2}$/ MPa	A/%	基体组织	应用
	不小于				
KTH300—06	300	—	6	铁素体	有一定强度和韧性,用于承受低动载荷,要求气密性好的零件,如管道配件、中低压阀门
KTH330—08	330	—	8		用于承受中等动载荷和静载荷的零件,如犁刀、机床用扳手及钢丝绳扎头等
KTH350—10	350	200	10		有较高的强度和韧性,用于承受较大冲击、振动及扭转载荷零件,如汽车、拖拉机的后轮壳
KTH370—12	370	—	12		
KTZ450—06	450	270	6	珠光体	强度、硬度及耐磨性好,用于承受较高应力与磨损的零件,如曲轴、连杆、凸轮轴、活塞环、摇臂、齿轮、轴套、犁刀、耙片、万向接头、刺轮扳手、传动链条及矿车轮等
KTZ5560—04	500	340	4		
KTZ650—02	600	430	2		
KTZ700—02	700	530	2		

在黑心可锻铸铁中,由于团絮状石墨对金属基体的割裂作用远比片状石墨小,而不如球墨铸铁的球状石墨,所以其性能比灰铸铁高,比球墨铸铁差。尽管可锻铸铁生产周期长,但由于它具有铁水处理方便、生产质量稳定,而且在生产形状复杂的薄壁细小铸件和非常薄壁的管件方面,和其他铸铁相比具有明显优势,所以可锻铸铁不能完全由球墨铸铁所取代。目前我国主要使用的是黑心可锻铸铁。

可锻铸铁的金相检验依照 JB/T2122—1977《铁素体可锻铸铁金相标准》进行。石墨的检验要求对石墨形状,石墨分布及石墨颗数评级;基体组织的检验主要是对珠光体和渗碳体的残余量及表皮厚度的检验。珠光体的残余量和渗碳体的残余量是由于白口铸铁坯料在退火时,不同阶段退火不充分所致,必须进行检验。表皮层是指出现在铸件外缘的珠光体层或铸件外缘的无石墨铁素体层。表皮层的形成是在石墨化退火时退火温度过高,使铸件表皮奥氏体强烈脱碳所致。对于石墨和基体的各项检验,按照标准规定的方法和组织说明,与标准图片对照比较进行级别评定。

2. 灰铸铁的金相检验

(1)灰铸铁的牌号、化学成分及性能。

按 GB/T5612—2008《铸铁牌号表示方法》规定,灰铸铁共有六个牌号。灰铸铁牌号由"灰铁"汉语拼音"HT"和其后的三位数字表示。数字表示最小抗拉强度。

灰铸铁的化学成分的一般范围,如表 2−7 所列,其中 HT300 和 HT350 两种灰铸铁的化学成分为经过孕育处理后的成分。灰铸铁化学成分范围较宽,又因为生产过程简单,铸造性能好,因此铸造工艺的可操作性强,灰铸铁的应用非常普遍。铸铁化学成分的控制目的是服务于铸铁件的组织和性能,一般不作为检验的硬性指标。

表 2−7   灰铸铁化学成分的一般范围

牌号	基体组织	化学成分/%				
		ω_c	ω_{Si}	ω_{Mn}	ω_p	ω_s
HT100	珠光体 30% ~70%,铁素体 70% ~30%	3.4 ~3.9	2.1 ~2.6	0.5 ~0.6	<0.3	<0.15
HT150	珠光体 40% ~90%,铁素 60% ~10%	3.2 ~3.3	1.8 ~2.4	0.5 ~0.6	<0.3	<0.15
HT200	珠光体 >95%,铁素体 <5%	3.0 ~3.5	1.4 ~2.0	0.7 ~1.0	<0.3	<0.12
HT250	珠光体 >98%	2.8 ~3.3	1.3 ~1.8	0.8 ~1.2	<0.2	<0.12
HT300	珠光体 >98%	2.8 ~3.3	1.2 ~1.7	0.8 ~1.2	<0.15	<0.12
HT350	珠光体 >98%	2.7 ~3.1	1.1 ~1.6	1.0 ~1.4	<0.15	<0.10

灰铸铁根据直径 30mm 单铸试棒的抗拉强度进行分级。灰铸铁的牌号、抗拉强度及应用,如表 2−8 所列,从表中可看出,牌号越高的灰铸铁,其抗拉强度越高,另外,相同牌号的铸件,壁厚增加则最小抗拉强度降低。这主要是因为铸件壁厚增加时冷却速度降低,造成基体组织中铁素体数量增多而珠光体数量减少所致。

表 2 – 8　灰铸铁的牌号、抗拉强度及应用（参照 GB9439—1988）

牌号	铸件壁厚/mm	R_m/MPa	应用
HT100	2.5 ~ 50	130 ~ 80	适用于载荷小,对摩擦、磨损无特殊要求的零件,如盖外罩、油盘、手轮、支架、底座等
HT150	2.5 ~ 50	175 ~ 120	适用于承受中等载荷的零件,如卧式机床上的支柱、底座、齿轮箱、刀架、床身、轴承座、工作台、带轮等
HT200	2.5 ~ 50	220 ~ 160	适用于承受大载荷的重要零件,如汽车、拖拉机的气缸体、气缸盖、刹车轮等
HT250	4 ~ 50	270 ~ 200	适用于承受大载荷的重要零件,如联轴器盘、液压缸、阀体、化工容器、圆周转速 12 ~ 20m/s 的带轮、泵壳、活塞等
HT300	10 ~ 50	290 ~ 230	适用于承受高载荷、要求耐磨性和高气密性的重要零件,如剪床、压力机等重型机床的床身、机座及受力较大的齿轮、凸轮、衬套、大型发动机的气缸、缸套、气缸盖、液压缸、泵体、阀体等
HT350	10 ~ 50	340 ~ 260	

　　由于石墨的强度相比金属基体而言很低,在铸铁中相当于裂缝和空洞,破坏了金属基体的连续性,使基体的有效承载面积减小,并且片状石墨的端部在受力时很容易造成应力集中,因此,灰铸铁的抗拉强度、塑性和韧性都明显低于碳钢。石墨片的数量越多、尺寸越大、分布越不均匀,对基体的割裂作用越显著。所以在生产灰铸铁件时,应尽可能获得细小的石墨片。但是,灰铸铁的硬度和抗压强度主要取决于基体组织,其抗压强度明显高于抗拉强度,因此灰铸铁比较适合用作耐压零件,如机床的底座、床身、支柱、工作台等。

　　（2）灰铸铁的基本组织。

　　灰铸铁的基本组织是由石墨和金属基体构成。

　　①石墨分布形态。灰铸铁石墨形态是片状,石墨的分布形式,按照 GB/T7216—1987《灰铸铁金相》分为六种,分别为 A 型、B 型、C 型、D 型、E 型、F 型,如图 2 – 30 所示。

　　A 型石墨——片状:石墨呈片状均匀分布。这种石墨通常是共晶或接近共晶成分的铁液在缓慢冷却(过冷度很小)条件下形成。冷却条件除和砂型铸造条件有关还和铸件的壁厚有关。越厚的铸件越易形成 A 型石墨。按传统观点,细小的 A 型石墨具有最好的力学性能。

　　B 型石墨——菊花状:片状与点状石墨聚集成菊花状。呈现心部为少量点状,外围为卷曲片状石墨。这种石墨一般是接近共晶成分的铁液经孕育处理后,在较大的过冷条件下形成。其力学性能稍次于 A 型石墨。

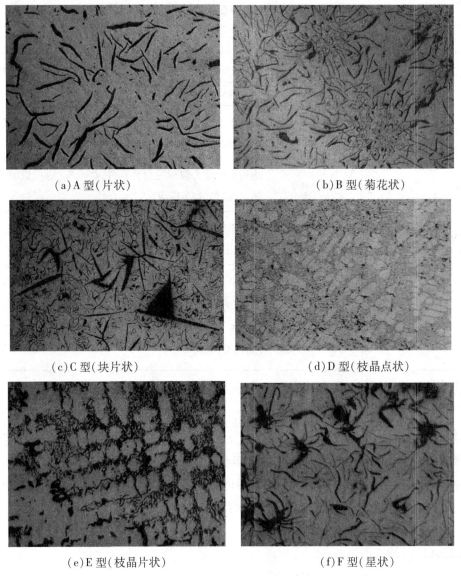

(a)A 型(片状) 　　　　　　　　　(b)B 型(菊花状)

(c)C 型(块片状) 　　　　　　　　(d)D 型(枝晶点状)

(e)E 型(枝晶片状) 　　　　　　　(f)F 型(星状)

图 2 - 30　灰铸铁的石墨分布形态(100 ×)

　　C 型石墨——块片状:特征是部分带尖角的大块与特别粗大的片状石墨,再加其他小片石墨。这种石墨一般是过共晶铁液在过冷度比较小的情况下形成。其中的大块和粗大片是铁液中初生的石墨,会出现在高含碳量的厚壁铸件。C 型石墨铸铁的力学性能显著下降。

　　D 型石墨——枝晶点状:石墨以点状和片状呈无序状态在枝晶间分布。这种石墨是亚共晶成分的铁液在较大过冷度下形成的。D 型石墨是过冷石墨,出现在金属型浇注的铸件和离心铸件的外表面。

　　E 型石墨——枝晶片状:石墨以短小片状呈有序形态在枝晶间分布,石墨分布有一定的方向性。这种石墨是亚共晶成分的铁液在比形成 D 型石墨较小过冷度下形成。在有 D 型石墨的铸件上,冷却较缓慢的部位往往能见到 E 型石墨。

F 型石墨——星状:石墨以星状(或蜘蛛状)和短片状混合均匀分布。石墨的蜘蛛状是较大的块状。这种石墨一般是过共晶成分的铁液在较大过冷度下形成。在高含碳量的薄壁件常出现,比如活塞环。

在实际铸件上,往往同时存在几种石墨形态。石墨的分布形态影响铸件的力学性能,比较而言,以 A 型和 B 型石墨的分布形态为好。

②石墨的长度。灰铸铁的石墨长度是影响力学性能的因素。灰铸铁金属基体相同时,石墨片越长,抗拉强度越低。国家标准将石墨长度分为八级,如表 2 - 9 所列。例如"石长 9"是表示石墨长度在 6 ~ 12 之间,是一个范围。

表 2 - 9　石墨长度分级

级别	1	2	3	4	5	6	7	8
名称	石长 100	石长 75	石长 38	石长 18	石长 9	石长 4.5	石长 2.5	石长 1.5
100 倍以下石墨长度/mm	>100	50 ~ 100	25 ~ 50	12 ~ 25	6 ~ 12	3 ~ 6	1.5 ~ 3	<1.5

③基体组织。灰铸铁的基体组织,相当于钢的组织,常见有铁素体基体、铁素体 + 珠光体基体、珠光体基体三种类型,如图 2 - 31(a) ~ (d)所示。其中铁素体 + 珠光体基体最为常见。在某些情况下,也会出现贝氏体或马氏体。

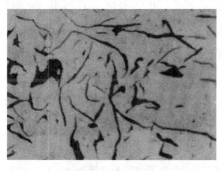
(a)铁素体基体(100 ×)

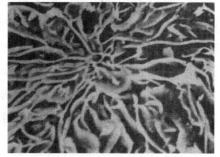
(b)SEM 下 A 型石墨形态(600 ×)

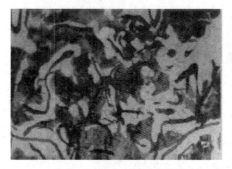
(c)铁素体 + 珠光体基体(100 ×)

(d)珠光体基体(100 ×)

图 2 - 31　A 型石墨灰铸铁

基体组织对灰铸铁的力学性能起到了主要的决定作用。珠光体的数量越多,材料的强度越高。珠光体基体灰铸铁的强度大于混合基体灰铸铁的强度,混合基体灰铸铁的强度大于铁素体基体灰铸铁的强度。灰铸铁的耐磨性也是随基体强度提高而增加的。

对于灰铸铁基体组织的检验,首先确定基体类型。如果是混合组织类型,需要评定珠光体与铁素体的相对含量。国家标准将珠光体数量分为八级,1~8级分别为珠98、珠95、珠90、珠80、珠70、珠60、珠50、珠40。每一级表示珠光体数量在一定的范围。例如或4级珠80表示珠光体数量在70%~85%,8级珠40表示珠光体数量 <45%。

珠光体的形态在基体组织中一般呈片状,偶然也有粒状珠光体的形态。片状珠光体粗细也会影响材料的力学性能,珠光体片间距越小,灰铸铁的强度和硬度越高。国家标准中,在500倍下,按照珠光体片间距的大小,将珠光体粗细分为四级:索氏体型珠光体(铁素体片与渗碳体片难以分辨)、细片状珠光体(片间距≤1mm)、中片状珠光体(片间距1~2mm)、粗片状珠光体(片间距>2mm)。但是,珠光体的粗细对材料力学性能的影响远不如珠光体数量的多少对力学性能影响来的显著。因此,生产中要求金相检验项目必定有珠光体数量的检验,但不一定要求珠光体粗细评级。

④碳化物和磷共晶。铸铁结晶时,根据化学成分和冷却速度不同,铁液可以按照 Fe－C(石墨)稳定系相图结晶,也可以按照 Fe－Fe_3C 亚稳定系相图结晶。如果按照后者,则碳以渗碳体形式存在。实际生产中,灰铸铁件的碳化物很少,但在合金铸铁和耐磨铸铁中,会有较多碳化物出现。根据碳化物的分布形态,可分为针条状碳化物、网状碳化物、块状碳化物和莱氏体状碳化物。国家标准将碳化物分为六级:碳1、碳3、碳5、碳10、碳15、碳20。评定时,以碳化物数量百分比,按大多数视场对照标准图片进行。例如“碳5”,表示碳化物含量的体积分数约占5%。碳化物具有很高的硬度,脆性很大,会降低铸铁的韧性,并且在加工时,成为硬质点,恶化加工性能。因此,碳化物在铸铁中是缺陷相,检验过程如果发现碳化物,应该对其形态和数量评定。

铸铁铁液中含磷量高时,会出现磷共晶。磷共晶是一种低熔点的组织,总是分布在晶界处、共晶团边界和铸件最后凝固的热节部位。磷共晶类型按其组成分为四种:二元磷共晶、三元磷共晶、二元磷共晶—碳化物复合物、三元磷共晶—碳化物复合物。这四种类型的磷共晶的组织特征,如表2-10所列。显微组织,分别如图2-32~2-35所示。

表2-10   磷共晶类型和组织特征

类型	组织特征	图号
二元磷共晶	在磷化铁上均匀分布着奥氏体分解产物的颗粒	2-32
三元磷共晶	在磷化铁上分布着奥氏体分解产物的颗粒及粒状、条状的碳化物	2-33
二元磷共晶—碳化物复合物	二元磷共晶和大块的碳化物	2-34
三元磷共晶—碳化物复合物	三元磷共晶和大块的碳化物	2-35

图 2-32　二元磷共晶(500×)

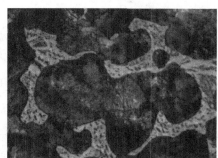

图 2-33　三元磷共晶(500×)

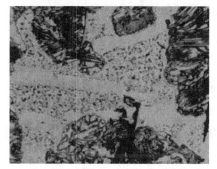

图 2-34　二元磷共晶—碳化物复合物(500×)

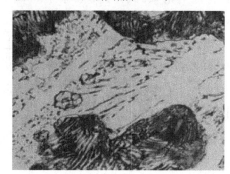

图 2-35　三元磷共晶—碳化物复合物(500×)

二元磷共晶:向内凹陷弯曲,明亮的磷化铁基体上均匀分布着暗色的 α 质点,共晶体边界内外较深、截然分明。另一种二元磷共晶呈鱼骨状,它的外形像莱氏体组织,从显微察其亮度要比莱氏体差,共晶体中有时为珠光体呈小团分布。

三元磷共晶:特征是在磷化铁基底上散布着大小和不匀称的 α 颗粒,有的串连成条状,在高倍观察下整个共晶体中隐约可见的微微凸起亮白色杆状或粒状碳化物,这种三元磷共晶不仔细观察,有时会与二元磷共晶混淆。

二元磷共晶—碳化物复合物:白亮的碳化物条带贯穿或附着二元磷共晶体上,形成鲜明直线界限,在碳化物上光亮无点状颗粒物。

形成二元或三元磷共晶,既与含磷量有关,也与含碳量有关。磷共晶分布形状分为四种:孤立块状、均匀分布、断续网状、连续网状。

铸铁中含磷量较低时,磷共晶常分布于几个共晶团交界处,呈现出边界向内弯曲的孤岛状。当铸铁含磷量较高时,位于共晶团边界的磷共晶可形成断续网状,严重时形成连续同状。磷共晶硬而脆,显著降低铸铁的韧性,因此,与铸铁中的碳化物一样,磷共晶也是缺陷相。在铸铁基体中一经发现,需要对其数量进行评定。国家标准将磷共晶数量分为六级:磷1、磷2、磷4、磷6、磷8、磷10。

碳化物和磷共晶都属于基体组织,它们的存在与否与铸铁的化学成分和冷却条件有关。

（3）灰铸铁的制样。

灰铸铁的金相检验试样,不是随机任意选取。金
相试样应取自抗拉试样距断口处,或从试棒的底部切
除 10mm 后再切取金相试样,试样尺寸应包括试棒半
径的一半。由于特殊需要,从铸件取样时,应在报告
中注明取样位置、壁厚等情况。不允许从冒口上直接
检验金相组织。抗拉试样是由与铸件同炉浇注的单
铸试样加工得来,试棒的加工按照 GB/T9439—1988
《灰铸铁件》的要求进行。单铸试棒如图 2 – 36 所示。

需要热处理的铸铁件,应随带同一处理条件的力
学性能试样或特殊试块,从其上切取金相试样。制备
金相试样过程中,应注意防止石墨夹杂脱落或变形,
试样表面应该光洁,不允许有抛光时的条纹。用磨制

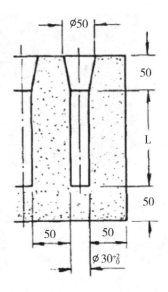

图 2 – 36   灰铸铁单铸试棒

好未经浸蚀的试样检查石墨形貌并评级,浸蚀之后的试样再检查基体组织。浸蚀液选用
2% ~5% 硝酸酒精溶液。

（4）灰铸铁的金相检验项目。

制备好金相试样之后,按照 GB/T7216—1987《灰铸铁金相》进行金相检验。

在抛光完成后不经浸蚀进行石墨的检验,显微镜的放大倍数为 100 倍。基体组织的
检验在浸蚀后进行,除检验珠光体粗细、碳化物分布形状和磷共晶类型需要在 500 倍下
评定,其他项目均在 100 倍下评定。首先整体观查整个受检面,然后按大多数视场所示
图像,按照国家标准的评级图对照评定。

①石墨分布形态的评定。同一试样中往往同时存在多种形态,应按每种形态所占的
比例,由多到少的顺序依次列出,并在报告中注明每种石墨形态的百分数。

②石墨长度的评定。选择有代表性的视场,按其中最长的三条以上石墨的平均值评
定。被测量的视场不少于三个。

③基体组织类型的确定。常见基体组织类型有铁素体基体、珠光体基体、铁素体 +
珠光体基体三种,如果是铁素体 + 珠光体基体,需要评定珠光体数量。有时还要求对基
体组织中的珠光体评定粗细。

④基体组织中缺陷相的评定。基体组织中有时存在碳化物和磷共晶的缺陷相。如
果存在这些缺陷,需要对其形态和数量评定。当碳化物和磷共晶都很少时,在显微镜下
难以区分,可以将碳化物与磷共晶之和的数量评出。例如:"碳磷 1"表示渗碳体与磷共
晶之和约为 1%。如果需要确定到底是哪种缺陷相,可以采用染色法加以区别。常用的
染色剂是氢氧化钠苦味酸水溶液(25g 氢氧化钠、2g 苦味酸、100mL 蒸馏水),在煮沸的氢
氧化钠苦味酸水溶液中浸蚀 2 ~5min 后观察,磷化铁由淡蓝色变至蓝绿色,渗碳体呈棕

色,碳化物呈黑色(含铬高的碳化物除外)。

⑤共晶团数量。共晶团的大小与铸铁的力学性能密切相关。其他条件相同时,共晶团越小,铸铁的强度越高。在常规检验中以此作为评定铸铁性能、检验铸铁的孕育效果以及通过它来对工艺条件进行调整。

共晶团边界上常富集一些碳化物、夹杂物偏析和低熔点共晶体,可以通过浸蚀剂显示共晶团的边界。共晶团数量的评定,浸蚀剂和放大倍数都不同于前面的检验内容。常用浸蚀剂如下:

(a)氯化铜3g、三氯化铁1.5g、盐酸2mL、碳酸2mL、乙醇100mL。

(b)氯化铜1g、氯化镁4g、盐酸4mL、乙醇250mL、水15~20mL。

(c)氯化铜1g、氯化镁4g、盐酸2mL、乙醇100mL。

(d)硫酸铜4g、盐酸20mL、水20mL。

(e)氯化铜10g、盐酸100mL、水50mL。

(f)苦味酸5g、乙醇95mL。

国家标准规定灰铸铁共晶团的检验在放大倍数为10倍或40倍下,直径为70mm的视场,观察共晶团的个数,或者由每平方厘米内实际共晶团的数目来评定级别,如表2-11所列。图2-37和图2-38分别为共晶团4级时,10倍(A)和40倍(B)下的标准照片。

表2-11　共晶团数量的分级表(摘自 GB/T7216—1987)

级别	直径 ∅70mm 图片中共晶团数量/个		单位面积中实际共晶团个数/(个/cm²)
	放大 10 倍	放大 40 倍	
1	>400	>25	>1040
2	≈400	≈25	≈1040
3	≈300	≈19	≈780
4	≈200	≈13	≈520
5	≈150	≈9	≈390
6	≈100	≈6	≈260
7	≈500	≈3	≈130
8	<50	<3	<130

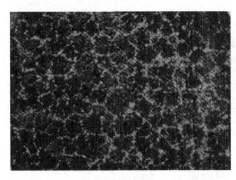 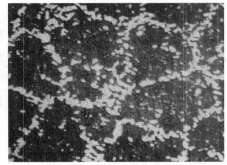

图 2 – 37   共晶团数量 4 级(A 系列 10 ×)   图 2 – 38   共晶团数量 4 级(B 系列 40 ×)

3. 球墨铸铁的金相检验

(1)球墨铸铁的牌号、化学成分及性能。

国家标准将球墨铸铁的牌号分为八种,见表 2 – 12。牌号中"QT"是"球铁"汉语拼音字首字母大写,后面两组数字分别表示最低抗拉强度和最小延伸率。球墨铸铁的化学成分和灰铸铁相比,碳、硅含量高,锰含量低,磷、硫含量要求严格控制。一般含量范围是:$\omega_C = 3.6\% \sim 4.0\%$,$\omega_{Si} = 2.0\% \sim 3.2\%$,$\omega_{Mn} = 0.3\% \sim 0.8\%$,$\omega_P < 0.06\%$,$\omega_S < 0.05\%$。

表 2 – 12   球墨铸铁的牌号、性能及用途(参照 GB1348—1988)

牌号	R_m/ MPa	$R_{p0.2}$/ MPa	A/%	基体组织	应用
	不小于				
QT400 – 18	400	250	18	铁素体	汽车、拖拉机的牵引框、轮毂、离合器及减速器的壳体,大气压阀门阀体、阀盖支架、输气管
QT400 – 15	400	250	15	铁素体	
QT450 – 10	450	310	10	铁素体 + 少量珠光体	
QT500 – 7	500	320	7	铁素体 + 珠光体	液压泵齿轮、阀门体、瓦轴机器底座、支架、链轮、飞轮
QT600 – 3	600	370	3	珠光体 + 铁素体	连杆、凸轮轴、气缸体、进排气门座、脱粒机齿轮条、轻载荷齿轮、部分机床主轴
QT700 – 2	700	420	2	珠光体	
QT800 – 2	800	480	2	珠光体或回火组织	
QT900 – 2	900	600	2	贝氏体或回火组织	汽车螺旋锥齿轮、减速器齿轮、凸轮轴、传动轴、转向节

此外,球墨铸铁是需要加入球化剂和孕育剂处理而得到的,我们国家常用球化剂是稀土镁,常用孕育剂是硅铁,所以球铁中还含有稀土和残余镁。

球墨铸铁中的石墨呈球状,对基体的割裂作用较小,球墨铸铁比灰铸铁具有高得多的强度、塑性和韧性。同其他铸铁相比,球墨铸铁不仅抗拉强度高,而且屈服强度也很高,屈强比达到 0.7～0.8,比钢高很多(普通钢为 0.35～0.5)。因此对承受静载荷的零件,可以用球墨铸铁代钢,以减轻机器之重量。此外,球墨铸铁的疲劳强度亦可和钢相媲美。

球墨铸铁的缺点是铸造性能低于普通灰铸铁,凝固时收缩较大。另外,对铸铁的化学成分要求高。球墨铸铁减振性不如灰铸铁高。

(2)球墨铸铁的基本组织。

球墨铸铁的基本组织是由石墨和金属基体构成。和灰铸铁相比,主要是石墨形态的不同,基体组织无大的差别。

①石墨形态。石墨形态是指单颗石墨的形状,GB/T9441—1988《球墨铸铁金相检验》中,根据石墨的面积率划分为五种,球状、团状、团絮状、蠕虫状、片状。所谓石墨面积率是指在单颗石墨实际面积与其最小外接圆的面积比率。石墨面积率越接近1,该石墨越接近于球形。面积率≥0.81 为球状,面积率 0.81～0.61 为团状,面积率 0.61～0.41 为团絮状,面积率 0.41～0.10

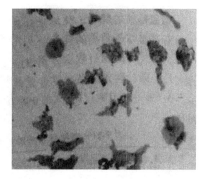

图 2－39 多种石墨形态共存的球墨铸铁(100×)

为蠕虫状,面积率＜0.10 为片状。石墨的形态不同,对金属基体连续性的割裂程度不同,直接影响到铸铁的性能。在球墨铸铁中,实际存在的石墨形态往往不仅是一种,多种形态共存也是经常遇见。图 2－39 所示为球化不好时,在一个视场下同时存在球状、团状、团絮状、蠕虫状组织。

②球化率。球化率是指所观察的视场内,所有石墨接近球状的程度,是石墨球化程度的综合指标。

GB/T9441—1988 规定了利用面积率定量计算球化率的方法。一般情况下,球化率是用与国家标准的金相评级图对照的方法进行评定。球化分级表示了石墨的形态、分布和球化率的整体情况。国家标准将球化级别分为了六级,分别如图 2－40(a)～(f)所示。

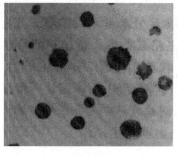 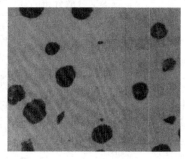

(a)1 级   (b)2 级

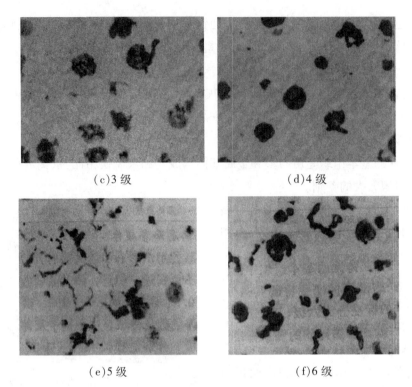

(c)3 级   (d)4 级

(e)5 级   (f)6 级

图 2－40   球化分级

球化分级的说明见表 2－13。石墨的球化率越高,球墨铸铁的力学性能越好,石墨球化的好坏主要影响的是延伸率指标。

表 2－13   球化分级说明

球化级别	说明	球化率/%
1	石墨呈球状,少量团状,允许极少量团絮状	>95
2	石墨大部分呈球状,余为团状和极少量团絮状	90～95
3	石墨大部分呈团状和球状,余为团絮状,允许有极少量蠕虫状	80～90
4	石墨大部分呈团絮状和团状,余为球状和少量蠕虫状	70～80
5	石墨呈分散分布的蠕虫状和球状、团状、团絮状	60～70
6	石墨呈聚集分布的蠕虫状和片状以及球状、团状、团絮状	

③石墨大小。石墨大小也是影响铸铁力学性能的一个因素。一般石墨球径越细小,球铁的强度越高,塑性、韧性越好。国家标准将石墨大小分为六级,如表 2－14 所列。评级时可以对照评级图评定,亦可以测量石墨的大小进行评定。

表 2－14   石墨大小分级(摘自 GB/T9441—1988)

级别	3	4	5	6	7	8
石墨直径/mm(100 倍)	25～50	12～25	6～12	3～6	1.5～3	≤1.5

④基体组织。同灰铸铁一样,常见的球墨铸铁基体有铁素体基体、珠光体基体,铁素体＋珠光体基体三种形式,如经过热处理,基体中还可有下贝氏体、马氏体、屈氏体和索氏体等。珠光体球铁的抗拉强度比铁素体球铁的高50%以上,而铁素体球铁的延伸率是珠光体球铁的3~5倍。经过热处理改善球墨铸铁的基体组织,可以使其具有更高的强度、塑性和断裂韧性。对基体检验时,首先确定基体类型,再评定珠光体数量。不同之处是,铁素体在铸态或完全奥氏体正火后,是呈牛眼状分石墨周围,如图2-41所示。

（a）块状分布　　　　　　　　　　（b）网状分布

图2-41　分散分布的铁素体(100×)

如果球墨铸铁还采用部分奥氏体化正火,则铁素体呈分散分布的块状,如图2-41所示。这种铁素体是在三相区(奥氏体、铁素体、石墨三相区),呈块状的未溶铁素体在正火时保留下来。如果采用完全奥氏体化炉冷至三相区保温,进行二阶段正火时,铁素体呈分散分布的网状,如图2-41(b)所示,这种铁素体是从奥氏体晶界上析出的。一般情况下,分散分布的铁素体数量较少。国家标准按照块状(A)和网状(B)两个系列,将分散分布的铁素体分为六级,如表2-15所列。

表2-15　分散分布的铁素体数量

级别	铁5	铁10	铁15	铁20	铁25	铁30
分散分布的铁素体数量/%	≈5	≈10	≈15	≈20	≈25	≈30

⑤磷共晶和渗碳体。磷共晶的组织形态和磷共晶的类型,在灰铸铁的基本组织中已经详细说明,这里不再赘述。但是,磷共晶的数量评级,球墨铸铁的国家标准中将磷共晶分为五级分别是磷0.5、磷1、磷1.5、磷2、磷3,不同于灰铸铁的标准分为六级。

渗碳体的数量评级,也不同于灰铸铁将碳化物分为六级,球墨铸铁的国家标准中将渗碳体分为五级,分别是渗1、渗2、渗3、渗5、渗10。渗碳体是碳化物最常见的一种形式,分布形态可参考灰铸铁金相检验中的内容。

(3)球墨铸铁的制样。

同灰铸铁金相检验一样,球墨铸铁的金相检验也不是任意取样。试块的形状和尺寸由供需双方商定,一般根据试块代表的铸件而定。当铸件的质量小于2000kg,选用单铸试块,形状有U形、Y形和敲落试块三种可选择。例如,图2-42是Y形单铸试块,图中

U、V、X、Y、Z试块不同部位的尺寸是根据铸件有效壁厚来确定,标准中给出4套尺寸。标准要求单铸试块应与该批铸件以同一批量的铁液浇注,并在每包铁液的后期浇注。需热处理时,试块应与铸件同炉热处理。

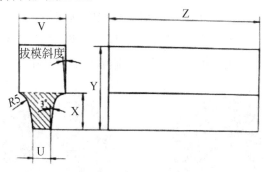

图 2 - 42   Y 型单铸试块

抗拉试样在单铸试块的剖面线部位或铸件本体上切取。抗拉试样的形状和尺寸如图 2 - 43 所示。金相试样在试块上截取或在距抗拉试棒断口位置1cm处截取,经过供需双方商议,也可在铸件有代表性的部位上截取。

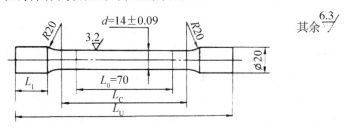

图 2 - 43   抗拉试样

在制备球墨铸铁金相试样时,除应遵循常规的金相试样制备方法和程序外,特别应注意以下几个方面:

①防止石墨剥落。球墨铸铁的石墨颗粒较大,在制样时,容易出现石墨剥落现象。石墨剥落现象,可能是整个石墨剥落,也可能是石墨局部剥落。石墨剥落后一般留下和石墨形状相似的凹坑。在显微镜下呈黑色模糊影像,石墨在制样不好的情况下不是正常的灰色,而是黑色,这就与凹坑难以区别。为了防止石墨剥落,抛光时不能用力过大,宜选用颗粒较细的抛光粉。在保证样品质量的前提下,尽可能缩短抛光时间。对于经过淬火处理的球墨铸铁试样,因其硬度高,石墨与基体的界面处受淬火应力的作用,在制样时更容易出现石墨剥落现象,应该特别注意。

②防止石墨曳尾。由于石墨质软,在制样时容易产生石墨曳尾现象。石墨曳尾是抛光时产生的,特征是大多数石墨沿同一方向"拖尾巴"。这种现像会掩盖该处的组织。为了防止石墨曳尾,在抛光后期,不仅要好抛,而且要不断旋转试样的方向,并将试样置于抛光盘线速度较低的位置。抛光后期用清水代替抛光液,轻抛数秒。

③防止抛光不足。抛光良好的铸铁试样,不仅石墨轮廓清晰,而且还能有到石墨内部

的细微结构。在显微镜下,石墨呈灰色,抛光不足的试样,石墨呈黑色,即石墨截面上污物未能抛除,必须延长抛光时间。抛光不足的试样,很容易将石墨与显微缩松、夹渣相混淆。为了缩短抛光时间,在抛光初期采用较浓的抛光剂,或者在抛光过程中,轻浸蚀数次。

(4)球墨铸铁的金相检验项目。

试样抛光后首先检验石墨,经 2% ~5% 硝酸酒精浸蚀后再检验基体组织,放大倍数除评定珠光体粗细为 500 倍外,其余检验项目均在放大倍数 100 倍下进行。

①石墨形态。石墨形态和球化率决定了石墨的球化分级,一般用和国家标准中球化分级图片对照的方法评定球化级别。

②球化分级。检验球化分级时,应首先观察整个受检面,然后从差的区域开始,连续观察五个视场,与其中三个差的视场的多数对照级别图评定。

③石墨大小。检验石墨大小时应以大多数的视场对照相应的级别图评定。

④基体组织的类型及评定。先对基体类型确定,最常见的是珠光体 + 铁素体混合基体,需要评定珠光体的数量和粗细。如果是纯铁素体或纯珠光体基体,则只需要说明基体类型即可。如果是热处理后的状态,铁素体不是牛眼状分布在石墨周围,则需要评定分散分布的或是网状分布的铁素体数量,而珠光体数量就不必再评定。

评定珠光体数量、分散分布的铁素体数量时,应以大多数的视场对照相应的级别图评定。例如,标准中"珠 55"表示珠光体数量为 50% ~60% ,"珠 45"表示珠光体数量为 40% ~50% ,国家标准按照石墨的大小,将珠光体数量分为 A、B 两个评定系列,如图 2 - 44 所示。

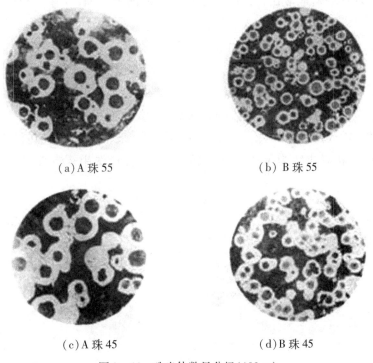

(a)A 珠 55　　　　　　　　　　(b)B 珠 55

(c)A 珠 45　　　　　　　　　　(d)B 珠 45

图 2 - 44　珠光体数量分级(100 ×)

⑤基体组织中磷共晶和渗碳体。磷共晶和渗碳体在基体中是缺陷相,需要对其数量和形态进行评定。检验磷共晶及渗成体的数量时,应以含量最多的视场评定。磷共晶及渗碳体的数量以相应的级别名称或百分数来表示。例如:"磷1.5"表示磷共晶数量≈1.5%。

GB/T1348—1988《球墨铸铁件》规定力学性能以抗拉强度和延伸率指标作为验收依据。对于屈服强度和硬度有要求时,经供需双方商定,可以作为验收依据。如果需方要求进行金相组织检验时,按照 GB/T9441—1988《球墨铸铁金相检验》的规定进行,球化级别一般不得低于4级。球化级别和基体组织,也可以用无损检测的方法进行检验,如有争议时,应以金相检验法裁决。

(5)球墨铸铁几种常见的铸造缺陷。

①球化不良和球化衰退。球化不良和球化衰退的组织特征是,除了球状石墨外,出现较多的蠕虫状石墨。产生球化不良的原因是铁液含硫量过高,球化剂残余量不足或是铁液氧化。产生球化衰退的原因是经球化处理的铁液随着时间的延长,铁液中球化剂的残余量逐渐减少,以至于不能起到球化的作用。球化不良和球化衰退的球墨铸铁达不到规定的力学性能时就得报废。

②石墨漂浮。石墨漂浮的金相组织特征是石墨大量聚集,往往呈开花状,如图2-45所示。开花状石墨是爆开的球状石墨,其中嵌有金属基体。因爆裂程度不同,形态也各异。有的开花程度较小,形如梅花,仍保持较完整的球形。有的爆裂程度较大,成为互不联系的块状。这种缺陷常常在铸件的上表面或泥芯的下表面,或在大断面球铁的热节处。形成原因是碳当量过高和铁液在高温液态时停留时间过长。这种缺陷容易在壁厚较大的铸件中出现,石墨漂浮降低铸件的力学性能。

③夹渣。球墨铸铁的夹渣一般是指呈聚集分布的硫化物和氧化物。在显微镜下,为黑色不规则形状的块状物或条带状物。这种铸造缺陷出现的位置与石墨漂浮位置相同。产生原因可能是由于扒渣不尽而混入的一次渣,也可能是由于浇注温度过低,铁液表面氧化而形成的二次渣。有夹渣缺陷的铸件,力学性能降低,严重时会使铸件渗漏。图2-46所示的黑色条状氧化物为稀土镁球墨铸铁中的夹渣,图中还有球状石墨和蠕虫状石墨。

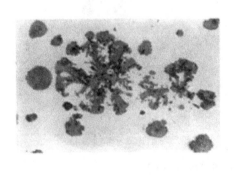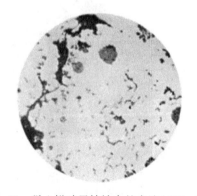

图2-45　开花状石墨(100×)　　图2-46　稀土镁球墨铸铁中的夹渣(100×)

④缩松。缩松是指在显微镜下可看到的微观缩孔。缩松分布在共晶团的边界上,呈向内凹陷的黑洞。其形成原因是铁液凝固时,铸型对石墨化膨胀的阻力太小,铸件外形胀大,使共晶团之间的间隙较大,凝固时又得不到后续铁液的补充而留下的显微空洞。缩松破坏了金属的连续性,降低力学性能,严重时引起铸件渗漏。

⑤反白口。在铸件心部和热节部位形成的渗碳体,称为反白口。之所以称这种缺陷为反白口,是对应白口组织渗碳体,一般出现位置是在铸件的边角和表面,而反白口组织位于铸件内部。灰铸铁、蠕墨铸铁、球墨铸铁都能出现此缺陷,尤以后者为甚。组织特征大多呈一定方向排列的针状渗碳体在共晶团边界上,如图 2 - 47 所示,也有渗碳体呈块状和莱氏体状的。

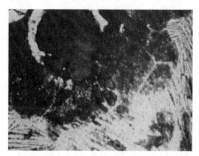

图 2 - 47 球墨铸铁中反白口组织(400 ×)

集中出现这种缺陷的形成原因是铁液强烈过冷和反白口元素偏析所致(主要是锰的富集,也可有磷、镁和稀土元素)。分散分布出现反白口,是由于残留于共晶枝晶间的铁液强烈过冷所致。反白口的出现,会使机械加工困难,并削弱铸铁的性能,特别对动态应力下工作的零件,更易造成脆性断裂和早期失效,故应严格控制。

2.2.3 实训目的

(1)观察和分析碳钢和白口铸铁在平衡状态下的显微组织。

(2)分析含碳量对铁碳合金的平衡组织的影响,加深理解成分、组织和性能之间的相互关系。

(3)熟悉灰口铸铁中的石墨形态和基体组织的特征,了解浇铸及热处理条件对铸铁组织和性能的影响,并分析石墨形态对铸铁性能的影响。

(4)识别淬火组织特征,并分析其性能特点,掌握平衡组织和非平衡组织的形成条件和组织性能特点。

2.2.4 实训内容

铁碳合金的显微组织是研究钢铁材料的基础。所谓铁碳合金平衡状态的组织是指在极为缓慢的冷却条件下,比如退火状态所得到的组织,其相变过程按 Fe - Fe$_3$C 相图进行,此相图是研究组织,制定热加工工艺的重要依据。其室温平衡组织均由铁素体 F 和渗碳体 Fe_3C 两个相按不同数量、大小、形态和分布所组成。高温下还有奥氏体 A,固溶体相 δ。用金相显微镜分析铁碳合金的组织时,需了解相图中各个相的本质及其形成过程,明确图中各线的意义,三条水平线上的反应产物的本质及形态,并能作出不同合金的冷却曲线,从而得知其凝固过程中组织的变化及最后的室温组织。

在上述的铁碳合金中,碳除了少数固溶于铁素体和奥氏体以外,其余的均以渗碳体 Fe_3C 方式存在,即按 Fe – Fe_3C 相图进行结晶。除此之外,碳还可以以另一种形式存在,即游离状态的石墨,用 G 表示,所以,铁碳合金的结晶过程存在两个相图,即上述的 Fe – Fe_3C 相图和 Fe – G 相图。这两个相图常画在一起,就称为铁碳双重相图。

在实际生产中,由于化学成分、冷却速度等的不同,常得到三种不同的铸铁,即灰口铸铁、白口铸铁和麻口铸铁。

灰口铸铁是第一阶段和第二阶段石墨化过程充分进行而得到的铸铁,其中碳全部或大部分以石墨形式存在,断口为灰暗色而得名。在工业生产上广泛应用。

白口铸铁是第一阶段和第二阶段石墨全部被抑制,完全按照 Fe – Fe_3C 相图进行结晶而得到的铸铁,其中碳几乎全部以 Fe_3C 形式存在,断口呈白色而得名,这类铸铁组织中因存在大量莱氏体,即硬又脆,不易加工,在工业上很少应用。

麻口铸铁是第一阶段石墨化过程部分进行而得到的铸铁,其中碳一部分以 Fe_3C 形式存在,另一部分以石墨形式存在,组织介于灰口铸铁和白口铸铁之间,断口上黑白相间成麻点而得名。因组织中含有不同程度的莱氏体,性硬而脆,在工业上也很少应用。铁碳合金经过缓慢冷却后,所获得的显微组织,基本上与铁碳相图上的各种平衡组织相同,但碳钢的不平衡状态,即在快速冷却时的显微组织应由过冷奥氏体等温转变曲线图,即 C 曲线来确定。

实训的具体内容主要有:

(1)实验前应复习课本中有关部分,认真阅读实验指导书。

(2)熟悉金相样品的制备方法与显微镜的原理和使用。

(3)认真聆听指导教师对实验内容、注意事项等的讲解。

(4)用光学显微镜观察和分析表 2 – 16 中各金相样品的显微组织。

表 2 – 16   金相样品的显微组织

序号	材料名称	处理状态	腐蚀剂	放大倍数	显微组织
1	工业纯铁	退火	4%硝酸酒精	400 ×	$F + Fe_3C_{III}$
2	20 钢	退火	4%硝酸酒精	400 ×	$F + P$
3	40 钢	退火	4%硝酸酒精	400 ×	$F + P$
4	60 钢	退火	4%硝酸酒精	400 ×	$F + P$

续表

序号	材料名称	处理状态	腐蚀剂	放大倍数	显微组织
5	T8	退火	4%硝酸酒精	400×	P
6	T12	退火	4%硝酸酒精	400×	$P + Fe_3C_{II}$
7	T12	退火	苦味酸钠溶液	400×	$P + Fe_3C_{II}$(Fe_3C_{II}呈黑色)
8	T12	球化退火	4%硝酸酒精	400×	$P_球$($F + Fe_3C$呈球状)
9	亚共晶白口铸铁	铸态	4%硝酸酒精	400×	$P + Fe_3C_{II} + L'_d$
10	共晶白口铸铁	铸态	4%硝酸酒精	400×	L'_d
11	过共晶白口铸铁	铸态	4%硝酸酒精	400×	$Fe_3C_I + L'_d$
12	灰铸铁	铸态	4%硝酸酒精	400×	$F + P + G_片$
13	球墨铸铁	铸态	4%硝酸酒精	400×	$F + P + G_球$
14	可锻铸铁	石墨化退火	4%硝酸酒精	400×	$F + G_团$
15	15钢	淬火	4%硝酸酒精	400×	$M_板$
16	球墨铸铁	淬火	4%硝酸酒精	400×	$M_片 + A + G$
17	40Cr	460℃等温淬火	4%硝酸酒精	400×	$B_上 + M + A'$
18	T8	280℃等温淬火	4%硝酸酒精	400×	$B_下 + M + A'$

（5）观察过程中，学会分析相、组织组成物及不同碳量的铁碳合金的凝固过程、室温组织及形貌特点。

2.2.5　实训设备及试样

（1）拟观察的金相样品，如表2-16所列。

（2）几种基本组织的概念与特征，如表2-17所列。

表2-17　几种基本组织的概念及金相显微镜下的特征

组织名称	基本概念	腐蚀剂	显微镜下的特征
铁素体	碳在$\alpha-Fe$中的固溶体	4%硝酸酒精	亮白色及浅色的多边形晶粒
渗碳体	铁与碳形成的一种化合物	4%硝酸酒精	呈亮白色或细黑线状，有多种形态，如条状、网状和球状
珠光体	铁素体和渗碳体的机械混合物	4%硝酸酒精	呈球状分布和层片状
片状珠光体	铁素体和渗碳体交替排列形成的层片状	4%硝酸酒精	随放大倍数不同而呈白色宽条铁素体和细条渗碳体，或细黑线状，或暗黑色

续表

组织名称	基本概念	腐蚀剂	显微镜下的特征
球状珠光体	球状的渗碳体分布在铁素体的基体上	4%硝酸酒精	白色渗碳体颗粒分布在亮白色的铁素体基体上,边界呈暗黑色
莱氏体(Ld′)	是珠光体、二次渗碳体、共晶渗碳体组成的机械混合物	4%硝酸酒精	亮白色渗碳体基体上分布着暗黑色斑点状及细条状的珠光体
马氏体(M)	碳在 α-Fe 中的过饱和固溶体	4%硝酸酒精	主要呈针状或板条状
板条马氏体	含碳量低的奥氏体形成的马氏体	4%硝酸酒精	黑色或浅色不同位向的一束束平行的细长条状
片状马氏体	含碳量高的奥氏体形成的马氏体	4%硝酸酒精	浅色针状或竹叶状
残余奥氏体(A′)	淬火未能转变成马氏体而保留到室温的奥氏体	4%硝酸酒精	分布在马氏体之间的白亮色
贝氏体(B)	铁素体和渗碳体的两相混合物	4%硝酸酒精	黑色羽毛状及针叶状
上贝氏体	平行排列的条状铁素体和条间断续分布的渗碳体组成	4%硝酸酒精	黑色成束的铁素体条,即羽毛状特征
下贝氏体	过饱和的针状铁素体内沉淀有碳化物	4%硝酸酒精	黑色的针叶状

（3）XJB-1 型、4X 型、XJP-3A 型和 MG 型金相显微镜数台。

（4）多媒体设备一套。

（5）金相组织照片两套。

2.2.6　实训报告要求

1.画组织示意图

（1）画出下列组织示意图。

①亚共析钢 20 钢、40 钢、60 钢中任选一个；

②过共析钢 T12 退火、球化退火中任选一个；

③白口铸铁：亚共晶、过共晶中任选一个；

④灰口铸铁：灰铸铁、球墨铸铁、可锻铸铁中任选一个；

⑤淬火马氏体:低碳和高碳马氏体任选一个;

⑥贝氏体:40Cr 上贝氏体、T8 下贝氏体任选一个。

(2)画图方法。

①应画在 30～50mm 直径的圆内,在图下方注明:材料名称、热处理状态、放大倍数、腐蚀剂和金相组织。并将组织组成物用细线引出标明。如图 2－48 所示。

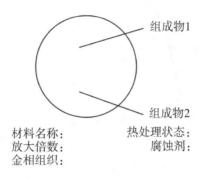

图 2－48   画图方法

②先在草纸上按要求画出,再画在正式报告上,并将草图附上。

2. 回答问题

(1)分析所画组织的形成原因,并近似确定一种亚共析钢的含碳量。

(2)根据实验结果,结合所学知识,分析碳钢和铸铁成分、组织和性能之间的关系。

(3)分析碳钢(任选一种成分)或白口铸铁(任选一种成分)凝固过程。

(4)总结碳钢、铸铁和淬火组织中各种组织组成物的本质和形态特征。

注:以上问题可按具体情况选做。

2.3   铝及铝合金的金相检验与分析

2.3.1   实训知识准备

铝及铝合金除了具有密度小、塑性好、比强度高、耐蚀性和导电性好等优良性能外,还具有良好的力学性能和工艺性能。因此,在工业上仅次于钢铁而得到广泛的应用。

铝及铝合金的金相检验主要包括宏观检验和微观检验两大部分。

1. 铝合金的分类与组成相特点

铝合金按成形方法分为铸造铝合金和变形铝合金两大类,如图 2－49 所示。

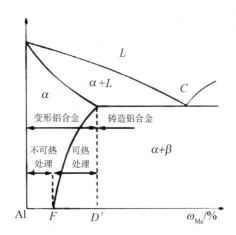

图 2 - 49　二元铝合金的典型相图及铝合金的分类示意图

每类合金根据其成分和应用特点又可分为不同系列。如铸造铝合金的 Al - Si 系、Al - Cu 系、Al - Mg 系等;变形铝合金的防锈铝、硬铝、锻铝、超硬铝等。

铝合金常含有的合金元素有 Fe、Si、Cu、Zn、Mg、Ni、Mn、Zr、Li、Ti 等。加入的合金元素随加热温度的升高,其固溶度发生变化,并形成各种金属间化合物。铝合金的相组成主要由 $\alpha(Al)$ 基体 + 第二相强化相和一些杂质相构成。

合金中一些组成相的特点如下:

Si 相:灰色片状、针状、点状、块岛状;$CuAl_2$ 相:粉红色、呈较圆粒状;Al_2CuMg 相:淡黄色蜂窝状;Mg_2Si 相:枝杈或骨骼状,蓝色或杂色;Mg_2Al_3 相:淡黄色网络状;Al_6Mn 相:亮白色片状;$FeAl_3$ 相:灰色针状、片状;$Al_{12}Fe_3Si$ 相:浅灰色骨骼状;$FeNiAl_9$ 相:亮灰色片状、针状;Al_9Fe_2Si 相:亮白色片状、针状。

2. 铝合金的宏观检验

无论是铝及铝合金铸件、变形铝及铝合金铸锭还是变形铝合金加工材料、制品,都会在熔炼、凝固结晶、变形成形加工、热处理等过程中产生缺陷。使用简单的手段进行宏观检,可以在很大的范围内对铝合金制品的内在缺陷进行检验,因而是一种行之有效的常规检的有法。宏观检验包括断口检验和低倍检验两种方法。

(1)宏观检验。

铸造铝合金低倍检验可参照 JB/T7946.3—1999《铸造铝合金针孔标准》。该标准将针孔度分为五级,并给出了五级针孔度的标准图片,检验时可将试样对照分级标准图片作目视比较,确定试样的针孔度等级,一般控制在三级以下。

铸造铝合金中的其他宏观缺陷还有很多,可参照 GB/T3246.2—2000《变形铝及铝合金制晶低倍组织检验方法》进行检验。该标准规定了变形铝及铝合金铸锭和加工材料、制品的低倍组织检验时试样制备(包括圆铸锭、挤压制品、锻件、板材等)、试样浸蚀、组织检验、缺陷分类及实验记录内容,并将缺陷分为疏松、非金属夹杂、气孔、冷隔、粗晶环、铸造裂纹等 22 种。

（2）铝合金制品的晶粒度检验。

GB/T3246.2—2000 中规定了断口检验方法和制品的晶粒度检验方法。晶粒度的评定可通过实物与晶粒度标准照片相比较确定,其中等轴晶粒度分为 8 级,(连)铸(连)轧板(带)晶粒度分为 5 级。应注意的是,与常用的晶粒度评定方法相反,本标准中晶粒度级别越高,晶粒越粗。

3. 铝合金的微观检验

（1）铝合金金相试样制备特点。

根据铝合金的性能特点,其制样过程可通过手工来完成。首先用手锯在需要分析的部位截取试样后,再用锉刀锉平,断面较平齐时也可用粗砂纸逐渐整平,但不能用力过大,以免形成较厚的金属损伤层。磨光时注意切勿将上道砂纸的粗砂粒带到下一道砂纸上,防止产生很深的划痕而增加抛光的难度。一般磨到 1000 号砂纸即可。然后在安有细帆布抛光盘上,用较浓的氧化铝悬浮液进行抛光。抛光织物的湿度以提起样品时,表面的水膜在 3 ~ 5s 内自动挥发为宜。铝合金抛光时,试样表面易氧化。实验证明,用细粒度的金刚石研磨膏抛光效果较好。铝合金的浸蚀剂种类较多,常用的有 0.5% HF 水溶液等。当试样表面划痕较深且抛光难以消除时,可采用浸蚀—抛光交替方法,也可用电解抛光的方法制样。

（2）铸造铝合金的金相检验。

①铸造铝合金的组织特点。以铝硅合金系列为例进行说明。该系列合金是铸造铝合金中应用最广泛的一类合金。图 2 – 50 为铝硅二元合金相图,根据相图,亚共晶铝硅合金在凝固过程中先形成树枝状的 α 相铝,余下部分铝液在 α 铝树枝晶间生成(α + Si)共晶体。过共晶铝硅合金则首先析出多边形块状初生硅,然后再生成(α + Si)共晶体。铝硅共晶体中的 Si 一般呈粗大针状分布,会降低合金的力学性能。生产上多采用(钠盐或锶盐)变质处理的方法来提高铸造铝硅合金的综合力学性能。经过良好变质处理的共晶硅得到了细化,呈点球状。

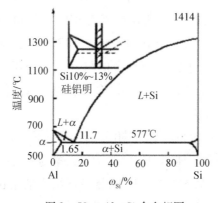

图 2 – 50 Al – Si 合金相图

最简单的铝硅合金为 ZL102,硅的质量分数为 10.0% ~ 13%,为共晶成分。其平衡组织为铝基体上分布着粗大的共晶硅。经过正常变质处理后其显微组织为均匀分布的树枝状 α 铝初晶及细粒状的硅与铝基体组成的(α + Si)共晶体。图 2 − 51(a)、(b)分别为未变质处理和经过变质处理后铝硅合金的金相组织。

由于铸件中组织较粗大,且存在偏析和粗大化合物相,故铸件的固溶处理应保温足够长的时间,以保证充分固溶。

除了铝硅合金外,铸造铝合金中还有铝铜合金系列,常见的有 ZL201、ZL202,有较好的热强性,可通过热处理时效强化。铝镁系合金,如二元合金 ZL301、ZL303、ZL305 等;以及铝锌系合金,如 ZL401、ZL402 等。这些合金中的相组成可参见同类变形铝合金。

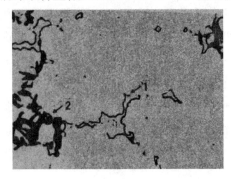 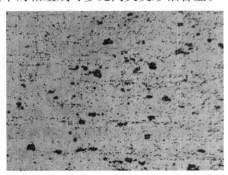

(a)未变质(10 ×)　　　　　　　　　(b)变质后(300 ×)

图 2 − 51　ZL102 的金相组织

②铸造铝合金的金相检验。铸造铝合金在凝固过程中存在偏析和低熔点共晶物,在随后的固溶处理温度下,会在合金中出现过烧三角或晶界熔化、复熔球及复熔共晶体等金相组织,即为过烧。所谓过烧三角即晶粒交叉处最后凝固的低熔点共晶物在热处理过程中过烧复熔,并在表面张力作用下形成锐菱三角。如果枝晶内低熔点共晶物熔化后液相球化,则为复熔共晶球团。若热处理保温温度过高,在上述区域内的低熔点物质熔化,冷却后形成二元、三元等复熔共晶。根据金相组织特征,铸造铝硅合金的过烧分为正常组织、过热组织、轻微过烧组织、过烧组织、严重过烧组织等 5 级。

铸造铝合金的金相检验可以分别在抛光态和浸蚀后进行,主要检验依据是 JB/T7946—1999《铸造铝合金金相》,其中 JB/T7946.1—1999 用于铸造铝硅合金的变质效果的评定;JB/T7946.3—1999 用于铸造铝合金的热处理过烧组织的评定;JB/T7946.4—1999 用于铸造铝铜合金晶粒度的评定。此外,金相检验也通常包括显微疏松的观察。

(3)变形铝合金的金相检验。

①变形强化铝合金的金相检验。变形强化铝合金只能采用加工硬化的方法提高强度,主要有纯铝合金和防锈铝合金。纯铝中的主要杂质元素为硅、铁,由于它们在铝中的固溶度很小,因而通常以杂质相的形态存在。$FeAl_3$ 相呈针状或细条状,初生 $Al_{12}Fe_3Si$ 呈枝条状,共晶 $Al_{12}Fe_3Si$ 呈骨架状。经变形加工后,杂质相被破碎沿压延方向呈不连续的条带状排列,组织呈变形纤维状,杂质相分布其中不易发现,如图 2 − 52(b)和图 2 − 53(b)所示。

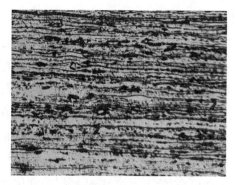

(a)半连续铸造状态(400×)　　　　　　(b)冷轧材(210×)

图 2-52　5A06 合金的金相组织(混合酸水溶液浸蚀)

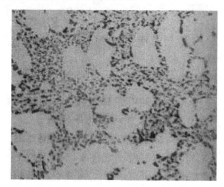

(a)半连续铸造状态(210×)　　　　　　(b)热轧板材(210×)

图 2-53　3A21 合金的金相组织(10% NaOH 水溶液浸蚀)

防锈铝合金主要有铝镁系合金和铝锰系合金。铝镁系合金中有 5A02、5A03、5A05、5A06 等牌号,含镁量均小于 7%。合金中除 α 铝外,主要有 β(Mg$_2$Al$_3$)相,以及 Mg$_2$Si 和 T2(Al$_9$Fe$_2$Si$_2$)等杂质相,并可以分别呈点状或网络状分布。

铝锰系合金主要有 3A21,锰的质量分数 1.0% ~ 1.6%,平衡组织应为 α 铝 Al$_6$Mn。但在实际中,由于冷却速度以及杂质的影响,组织中会出现(α + Al$_6$Mn)共晶及粗大片状 Al$_6$(MnFe),如图 2-53(a)所示。

②热处理强化铝合金的金相检验。热处理强化铝合金包括锻铝、硬铝、超硬铝等种类。它们的热处理强化原理基本相同,即将铝合金加热到溶解度曲线温度以上,保温一定时间后,迅速冷却得到过饱和固溶体(固溶处理)。固溶处理的温度应尽可能高,以提高铝基体中溶质原子的固溶度,但应注意不要超过晶界上共晶体的共晶温度,以免造成过烧缺陷。

经固溶处理后,合金的基体为过饱和的 α 铝,有较好的塑性。将过饱和固溶体在室温或一定温度(如 180℃)保温一定时间,过饱和固溶体中会析出细小弥散的强化相,这样的处理分别称为自然时效与人工时效。按时效程度不同,又可分为欠时效、峰值时效和过时效。在欠时效状态下,过饱和固溶体中产生了溶质原子的富集,即所谓的 G. P. 区,可以在电镜下分辨,并使合金的硬度有所提高;在峰值时效状态下,过饱和固溶体中析出了半共格或共格的弥散强化相,如 Al – Cu 合金中的 θ″ 或 θ′ 相,但这两种相在光学显微镜下也很难分辨,此时合金的硬度最高;在过时效状态下,θ′ 析出相已变成稳定的 Al_2Cu 相,并不断聚集长大,可以在光学显微镜下分辨,此时合金的硬度下降,但塑性有所恢复。

变形铝合金的热处理除了上面提到的自然时效(CZ,T4)与人工时效(CS,T6)外,为进一步提高合金的力学性能和耐蚀性,又开发出形变热处理(热机械处理)工艺,如固溶处理后立即进行冷变形加工,然后再进行时效处理。这样处理的目的为了使析出弥散强化相尺寸更小,分布更均匀,从而提高强化效果。同样,这样的组织特征在光学显微镜下也是无法分辨的。

(a)锻造铝合金为铝 – 镁 – 硅 – 铜系合金,是由铝 – 镁 – 硅系合金发展而来。此类合金具有良好的热塑性,可采用锻造工艺将其制成形状较为复杂的零件。代表性的合金牌号有 6A02、2A14 等。

(b)硬铝是铝 – 铜 – 镁系列的时效强化合金,一般还加有少量的锰。其中的铜与镁为主要合金元素,通过析出 $\theta(Al_2Cu)$ 相和 $S(Al_2CuMg)$ 相,起到沉淀硬化作用。常用的硬铝合金有 2A10、2A12 等。由于合金的非平衡冷却和偏析,在铸态 2A12 合金中 α 枝晶处可能会出现$(\alpha + S)$、$(\alpha + \theta)$、$(\alpha + \theta + S)$ 等二元及三元共晶组织,以及 $Al_6(FeMn)$、$Al_6(FeMnSi)$、$Al_6(Cu_2Fe)$、Mg_2Si 等杂质相。由于共晶组织的存在,2A12 合金在固溶处理时应严格控制温度,避免过烧。图 2 – 54 为 2A12 合金严重过烧的组织,即晶粒成粗大等轴状,晶界大部分已复熔,晶内有化合物质点沉淀析出,力学性能急剧下降。另外,2A12 合金在热挤压后较容易形成粗晶环,如图 2 – 55 所示。

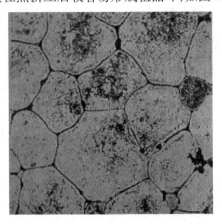
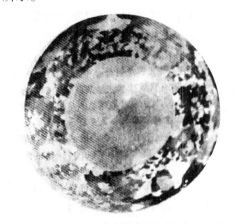

图 2 – 54   2A12 合金的过烧组织(200 ×)　　　图 2 – 55   2A12 合金的粗晶环组织(1 ×)

为提高硬铝合金的耐蚀性,一般采用轧制工艺包覆纯铝,因而在热处理过程中还会产生铜扩散。过烧组织和铜扩散深度是硬铝合金金相检验的主要内容。

(c)超硬铝合金是在硬铝合金的基础上添加质量分数为 4% ~8% 的锌而得到,其强度更高,但耐蚀性较差。常见的合金牌号有 7A04、7A09。一般超硬铝合金中的相组成为

$\alpha + \theta + S + Mg_2Zn + T(Al_2Mg_3Zn_3)$ 等相。

③变形铝合金金相检验。包括铸锭的纤维组织检验、加工制品淬火及退火试样检验、高温氧化、包覆层、铜扩散和晶粒度检验。可参照 GB/T3246.1—2000《变形铝及铝合金制品显微组织检验方法》和非铁金属行业标准 YS/T417.1～4—1999《变形铝及铝合金铸锭及其加工产品缺陷》。

2.3.2　实训目的

（1）观察和分析铝及铝合金的金相显微组织，了解常用铝及铝合金的显微组织特征。
（2）加深理解铝及铝合金成分、组织和性能之间的相互关系。

2.3.3　实训内容及步骤

该实训内容包括铝及铝合金铸锭（或锭坯）、变形铝及铝合金板、带、箔、管、棒、型、线、锻件（以下简称加工制品）显微组织检验用的试验溶液及试样制备、浸蚀、组织检验和试验报告等。

1.试样制备

（1）试样切取。

①铸锭（或锭坯）试样。应根据种类、规格和试验目的要求，从有代表性的部位切取试样。例如，检验过烧试样应在加热炉的高温区部位截取。

②加工制品试样。应根据有关标准或技术协议的规定及制品的种类，制订处理方法、使用要求。从有代表性的部位切取试样。例如，检验过烧试样应在加热炉的高温区、制品变形量较小的部位截取。

（2）试样数量及尺寸。

取样数量应根据标准或技术协议的规定及试验的要求确定。试样尺寸参照表2－18确定。

表2－18　试样尺寸　　单位:mm

类型	长	宽	高
块试样	25	15	15
板试样	30	30	—

（3）试样检验面。

切取好的试样，应根据具体的试验目的和要求来选取检验面。在通常情况下，除板材包覆层和铜扩散的检验面为垂直于主变形方向的横向截面外，板材其他的组织检验面为平行于主变形方向的纵向截面，其他加工制品的组织检验面为垂直于主变形方向的横向截面。

（4）夹样和镶样。

测量包覆层厚度和铜扩散深度等检查制品表面层组织的试样应采用夹样法或镶样法，小试样可进行镶样。夹样法试样间及样夹外层试样的外侧必须垫上退火状态的纯铝板片，保证夹紧试样后使试样间无缝隙，样夹外层试样磨面平整。

（5）试样粗加工。

试样的被检查面用铣刀（或锉刀）去掉 1mm～3mm，铣或锉成平面。然后在研磨机上用砂纸（磨料粒度宜为 68μm～100μm）沿垂直刀痕方向进行粗磨，宜采用煤油或水等进行冷却和润滑。磨掉全部刀痕，将试样转 90°，再用砂纸（磨料粒度宜为 18μm～35μm）进行细磨，磨去所有粗磨痕为止。

（6）机械抛光。

①将磨好的试样用水冲洗干净，在抛光机上进行抛光。通常，抛光机的转数在 300r/min～600r/min。精抛光时，转数宜为 150r/min～200r/min。

②粗抛。在装有粗呢子的抛光盘上进行粗抛。用浓度大、颗粒较粗的三氧化二铬粉与水混合的悬浮液或其他抛光材料做粗抛光剂。垂直于磨痕抛光到磨痕全部消失，磨面平整光亮无脏物为止。

③细抛。将粗抛好的试样用水冲洗干净后，在装有细呢子（或其他纤维细软的丝织品）的抛光盘上细抛。用浓度较稀、颗粒较细的三氧化二铬粉与水混合的悬浮液或其他抛光材料做细抛光剂。垂直于粗抛光痕迹抛到表面无任何痕迹和脏物，在显微镜上可观察到清晰的组织为止。

④精抛。对特殊需要高质量显微图片的试样，细抛后可在装有鹿皮的慢抛光机上进行精细抛光。用氧化镁或极细的三氧化二铝粉与水的悬浮液或其他抛光材料做精抛光剂。

（7）电解抛光。

1×××系列的试样难以完全去掉机械抛光痕迹时，可采用电解抛光。经细砂纸打磨和（或）机械抛光后的试样，用硝酸溶液洗去表面油污，随后用水冲洗。再用无水乙醇擦干表面后，方可进行电解抛光。电解抛光装置示意图，如图 2－56 所示。

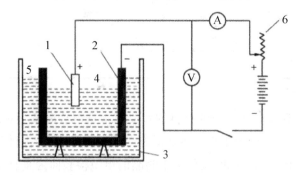

1—试样；2—不锈钢电解槽；3—冷却槽；4—电解液；5—水；6—变阻器

图 2－56　电解抛光装置示意图

①电解液采用高氯酸乙醇溶液。

②电解抛光工艺参数。

起始电压:25V ~60V;电解时间:6s ~35s;电解液温度:10℃ ~40℃。

电解过程中试样为阳极,可摆动试样,抛光面不得脱离电解液。所用阴极为铅板或不锈钢板。电解后试样用水冲洗,然后在硝酸溶液中清洗表面上的电解产物,最后用水冲洗,酒精棉擦干。

2. 试样浸蚀

(1)试验溶液。

①硝酸溶液(1 +4);

②高氯酸乙醇溶液(1 +9);

③硝酸溶液(1 +2.5) ~硝酸溶液(1 +1);

④浸蚀剂1 号:氢氟酸溶液(1 +200);

⑤浸蚀剂2 号:氢氟酸溶液(1 +1);

⑥浸蚀剂3 号:磷酸溶液(1 +9);

⑦浸蚀剂4 号:硫酸溶液(1 +9) ~硫酸溶液(2 +8);

⑧浸蚀剂5 号:硝酸溶液(1 +3);

⑨浸蚀剂6 号:将氢氟酸($\rho =1.15g/mL$)、盐酸($\rho =1.19g/mL$)、硝酸($\rho =1.40 g/mL$)和水以(2 +3 +5 +190)的体积相混合,混匀;

⑩浸蚀剂7 号:将氢氟酸($\rho =1.15g/mL$)、盐酸($\rho =1.19g/mL$)、硝酸($\rho =1.40 g/mL$)和水以(2 +1 +1 +76)的体积相混合,混匀;

⑪浸蚀剂8 号:将氢氟酸($\rho =1.15g/mL$)、盐酸($\rho =1.19g/mL$)、硝酸($\rho =1.40 g/mL$)和水以(2 +3 +5 +250)的体积相混合,混匀;

⑫硝酸溶液(1 +19) ~硝酸溶液(1 +3);

⑬硫酸磷酸溶液:将硫酸($\rho =1.84g/mL$)、磷酸($\rho =1.70g/mL$)和水以(38 +43 +19)的体积相混合,混匀;

⑭氟硼酸溶液(25g/L);

⑮氟硼酸溶液(16.8g/L):称取117g 硼酸放于塑料容器内,加入500mL 水和333mL 氢氟酸($\rho =1.15g/mL$),待硼酸溶解完全后冷却,用水稀释至1L,即配成所需氟硼酸溶液。

(2)浸蚀剂的选择。

参照表2 -19 选择适宜的试样浸蚀剂。

表 2 - 19　试样浸蚀剂

浸蚀剂编号	适用试验
1 号	显示 1×××、2×××、3×××、4×××、5×××、6×××、7××× 及 8×××合金的一般组织。
2 号	显示 1××× 及 3×××合金的晶粒组织
3 号	a) 识别 2×××、3××× 及 5×××合金中的相; b) 显示 3×××、5××× 及 2×××合金中的一般组织
4 号	识别 1×××、2×××、3×××、5×××、6××× 及 8×××合金中的相
5 号	识别 1×××、2×××、3×××、5×××、6×××、7××× 及 8×××合金中的相
6 号	a) 显示 1×××、2×××、3×××、4×××、5×××、6×××、7××× 及 8×××合金的一般组织; b) 显示 2×××、4×××、6××× 及 7×××合金的晶粒组织
7 号	a) 显示 2××× 及 7××× 的包铝及铜扩散组织; b) 显示 2×××、4×××、6××× 及 7×××合金的晶粒组织
8 号	a) 显示 1×××、2×××、3×××、4×××、5×××、6×××、7××× 及 8×××合金的一般组织; b) 显示 2×××、4×××、6××× 及 7×××合金的晶粒组织

(3)浸蚀。

浸蚀方式及时间应根据浸蚀剂的特点、用途及合金性质与状态而定。通常铸态试样的浸蚀时间小于加工制品试样的浸蚀时间,2×××、4××× 及 7×××系列的试样浸蚀时间短于 1×××、3×××、5×××、6××× 及 8×××系列的试样浸蚀时间。

浸蚀后的试样在水中冲洗后;除了需要鉴别合金中的相以外,均应用硝酸溶液洗去表面的浸蚀产物,再用水冲洗干净,最后用酒精棉轻轻擦净吹干,即可进行观察。

3. 组织检验

(1)显微试样的要求。

在显微镜下观察试样,试样表面应洁净、干燥、无水痕,组织清晰、真实,无过蚀孔洞。

(2)铸锭(锭坯)的显微组织检查。

通常在未浸蚀试样上观察合金中相的形态和疏松、夹杂物等缺陷,在浸蚀试样上观察枝晶结构、鉴别相的组分以及观察均匀化处理状态的过烧组织。

(3)加工制品淬火及退火试样检查。

在制备好的试样上检查晶粒状态和过烧组织,通常放大 200 ~ 500 倍进行观察与照相。

(4)铝合金过烧组织的判别。

金属温度达到或高于合金中低熔点共晶的熔点或固相线,使共晶或固溶体晶界产生复熔的现象叫过烧。在显微组织检验中,出现复熔共晶球、晶界局部复熔加宽和在三个晶粒交界处形成复熔三角形三种特征中的任何一种特征,判定显微组织为过烧。

2.3.4　实训设备及试样

(1)制样设备(如金相切割机、镶嵌机、磨抛机、电解抛光腐蚀设备等);

(2)金相显微镜数台;

(3)已制备好的几种铝及其合金的金相试样;

(4)相应试样的金相组织图片一套;

(5)多媒体设备一套。

2.3.5　实训报告要求

1.画组织示意图

观察各试样的金相组织特征,并描绘试样的显微组织示意图。

(1)应画在 30~50mm 直径的圆内,在图下方注明:材料名称、热处理状态、放大倍数、腐蚀剂和金相组织。并将组织组成物用细线引出标明。如图 2-57 所示。

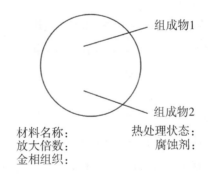

材料名称:　　　　热处理状态:
放大倍数:　　　　腐蚀剂:
金相组织:

图 2-57　画图方法

(2)先在草纸上按要求画出,再画在正式报告上,并将草图附上。

2.回答问题

(1)铝合金如何分类?

(2)铸造铝合金共有哪几大类?

(3)什么叫变质处理? 起到何种作用?

(4)变形铝合金如何分类? 与铸造铝合金在显微组织中有何明显区别?

3.分析讨论

分析成分、热处理状态对合金相显微组织和性能的影响。

`

2.4　铜及铜合金的金相检验与分析

2.4.1　实训知识准备

铜及铜合金具有优良的导电、导热性能,足够的强度、弹性和耐磨性,良好的耐蚀性,被广泛应用于仪表、罗盘、航空、航天、雷达、涡轮、轴瓦、轴套、海洋工业、舰船、人类饮用水管道、家用电器、各种货币和工艺美术品、形状记忆合金、超弹性和减振性合金等,同时用来制造各种高强、高韧、高导电、高导热和高耐蚀的重要零件。而航空航天、微电子等高新技术的发展对铜合金的应用提出了更高的要求,弥散强化型高导电铜合金、半导体引线框架用铜合全及球焊铜丝、Cu – Ni – Sn 系高弹性铜合金、覆层铜合金等新型铜合金材料的应用已十分成熟。据不完全统计,目前国际上定型的铜合金已达 400 多种,以传统的铜合金分类方法。可分为纯铜、黄铜、青铜和白铜四大类。根据加工方法不同,又可分为铸造铜合合和形变铜合金。铸造铜合金中常见的宏观缺陷有疏松、气孔、外来非金属和金属夹杂、铸造粗晶、冷隔等。

1. 铜合金的微观组织检验

(1)铜合金中的非金属夹杂物。

铜及铜合金中常见的夹杂物有 Cu_2O、CuS、MnS、Cu_3P、BeC、Fe、Pb、Bi 等,其中 Cu_2O 和 CuS 常在铜及钢合金中出现,Cu_3P 主要出现在磷青铜中。在光学显微镜明场下观察 Cu_2O 为点状或球状,呈灰蓝色;CuS 为点状或块状,呈青灰色;Cu_3P 为不规则形状,呈深灰褐色。Pb 为点状或网状,呈深灰色;Fe 为星状或点状,呈蓝灰色。

(2)铜合金的氢脱及含氧量检验。

氧在铜中一般以 Cu_2O 的形式存在,铸态时与铜形成共晶体($Cu + Cu_2O$),分布在铜的晶界上,如图 2 – 58 所示。纯铜中氧的含量较高时,在氢气等气氛退火过程中,氢会在高温下渗入铜内与 Cu_2O 作用,形成高压水蒸气,这种水蒸气在强度较低的晶界形成逸出通道,导致铜的开裂;未逸出的水蒸气形成气泡作为裂源,在以后的加工或使用过程中进一步扩展面产生开裂。因此,必须严格控制铜中氧的含量。一般纯铜容易产生表面氢脆病,而磷脱氧铜或锰脱氧铜不易产生氢脆病。

纯铜中氧含量评定可以参照 YS/T335—1994《电真空器件用无氧铜氧含量金相检验方法》进行,即根据铜中氧含量产生表面裂纹的特征,用金相显微镜检查裂纹大小,来判断氧含量。

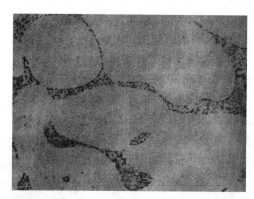

图 2 - 58   纯铜中的共晶体(Cu + Cu₂O)抛光态(200 ×)

（3）铜及铜合金的晶粒度检验。

黄铜的晶粒度对材料的冷加工性能有很大影响。细晶粒组织的强度高,加工成形后表面质量好,但变形抗力较大,较难成形。粗晶粒组织则容易加工,但冲压表面质量不好,甚至形成橘皮,疲劳性能也较差。因此,用于压力加工的黄铜进行再结晶退火时,必须根据需要,很好控制晶粒度。晶粒度是衡量黄铜退火质量的主要标准。

铜及铜合金晶粒度评定可参照 YS/T347—2004《铜及铜合金平均晶粒度测定方法》进行。该标准规定了用比较法、面积法和截距法测定铜及铜合金晶粒度的具体方法,通常测定可以用比较法。该标准适用于测定单相或以单相为主的铜及铜合金退火状态的晶粒度。试样应直接从交货状态的产品上取下,并不得经受热处理或塑性变形。

2. 黄铜的金相组织

铜中加入一定量的锌得到普通黄铜,在普通黄铜的基础上再加入其他合金元素,如铝、铅、锰、硅等就形成了多种类型的特殊黄铜。

（1）普通黄铜组织特点。

Cu - Zn 二元合金相图如图 2 - 59 所示,由图可知,含锌量较少时为单相黄铜,如 H96、H80、H75 等黄铜,其组织为 α 固溶体,即锌在铜中的固溶体。随着含锌量的增加,其显微组织中出块 α + β 两相组织,即为双相黄铜,如 H62、H59 等。β 是以 ZnCu 电子化合物为基的固溶体,属体心立方晶格。锌含量过高的黄铜没有使用价值。

单相 α 黄铜的铸态组织具有明显的树枝晶及偏析特征,枝轴含铜量较高,难浸蚀,在显微镜下色泽发亮;枝间含锌量较高,易浸蚀,色泽发暗,如图 2 - 60 所示。

铸态 α + β 两相黄铜在凝固过程中先析出 β 晶粒,冷却时由 β 相析出 α,两相之间存在位向关系,常表现为魏氏组织的特征。冷速越快,α 相越细。用三氯化铁盐酸水溶液浸蚀时,α 相因含铜量较高不易腐蚀,明场下呈亮白色,β 相易受腐蚀,颜色较深,如图 2 - 61 所示。经热变形后,其组织为具有带状分布特点的 α 相加 β 相,其中 α 晶粒内有孪晶,如图 2 - 62 所示。

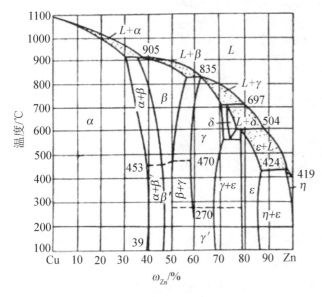

图 2-59   Cu-Zn 二元合金相图

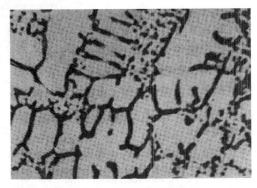

图 2-60   H90 黄铜的铸态组织(120×)

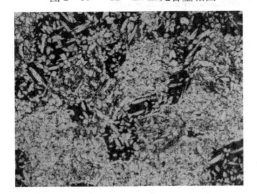

图 2-61   双相黄铜的魏氏组织(100×)

图 2-62   热轧 H62 黄铜的金相组织(120×)

(氯化高铁酒精溶液浸蚀)

　　黄铜还易产生应力腐蚀。历史上黄铜的应力腐蚀表现为库存的黄制炮弹壳的季节性(多为潮湿的雨季)爆裂,俗称"季裂"。经过研究表明,这是由于存在残余内应为的黄铜构件在某些腐蚀条件下发生了应力腐蚀。实际上,只要存在合适的应力条件(不管是内应力还是外加载荷)和腐蚀环境(如微量氨及铵盐、汞及汞盐、各类酸、二氧化硫等),黄铜就会同时发生脱锌腐蚀和应力腐蚀。应力腐蚀裂纹可以分别呈穿晶或沿晶的方式扩展。

　　(2)黄铜的金相检验。

　　黄铜制品应力腐蚀倾向的评定一般采用氨熏法或硝酸汞检测法。

　　GB/T10567.2—2007《铜及铜合金加工材残余应力检验方法氨熏试验法》用于检验热交换器用黄铜管的内应力。美国标准 ASTMB154—1982《铜和铜合金硝酸亚汞试验方法》中规定,将经过适当准备的样品在硝酸汞水溶液中浸泡 30min 后取出,然后肉眼观察式样表面是否存在裂纹。实际上用此方法测定的是黄铜制品中的内应力大小。

3. 青铜的金相检验

青铜是指除紫铜、黄铜、白铜以外的各类铜合金,常见的青铜有锡青铜、铝青铜和铍青铜等。

(1)锡青铜。

其铸态组织常为树枝状 α 固溶体及($\alpha+\delta$)共析组织。树枝状 α 固溶体中树干部分为贫锡区,用氯化铁酒精溶液浸蚀时呈白色,外围部分为富锡区,浸蚀时呈黑色。树枝间白亮部分为($\alpha+\delta$)共析组织,如图 2-63 所示。

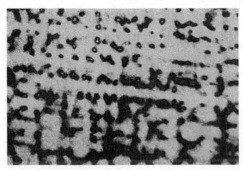

图 2-63　半连续铸造 QSn8-0.4 合金的金相组织(120×)

不平衡铸态组织只有经过均匀化退火才能消除成分偏析,获得单相 α 固溶体。常用的锡青铜有 ZQSn3-12-5、ZQSn6-6-3、ZQSn10-2-1 及 QSn4-3、QSn6.5-0.1、QSn7-0.2 等。锡青铜由于成本较高,已较少采用。

(2)铝青铜。

铝青铜的力学性能和耐蚀性较好,是铜合金中应用较普遍的一种合金。α 相是铝在铜中的固溶体,塑性良好,易进行冷热变形加工。铝青铜中含铝量较低时,在一般铸造冷速下得到单相 α 组织,铝的质量分数为 8%~9% 时,铸态组织中就会出现($\alpha+\gamma_2$)共析体,分布于 α 晶粒间,如图 2-64 所示。

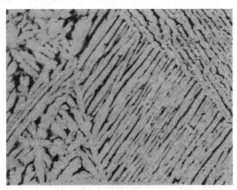

图 2-64　QAl9-2 合金的铸态组织(70×)(氯化高铁酒精溶液浸蚀)

（3）铍青铜。

铍青铜合金很容易进行各种成形加工，如铸造、热锻、挤压、轧制、焊接、电镀等。常用的铸造铍青铜合金中一般含有 Co 和 Ni，其铸态显微组织为枝晶状 α 铜和蓝灰色铍金属间化合物粒子。凝固时形成的初生铍金属间化合物呈汉字形，初生相结晶后形成的次生铍金属间化合物呈棒条状并择优取向，由液相中以包晶形式 β 相。在随后的冷却过程中 β 相共析转变为 α 和 γ_2，如图 2 - 65 所示，图中黑色部分为（$\alpha + \gamma_2$）共析体。

铜及铜合金的显微组织检验时试样制备及组织显示方法可参照 YS/T449—2002《铜及铜合金铸造和加工制品显微组织检验方法》。

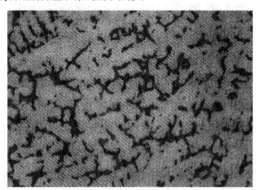

图 2 - 65　QBe2.0 合金的铸态组织（120×）（硝酸高铁酒精溶液浸蚀）

2.4.2　实训目的

（1）观察和分析纯铜、铜合金的金相显微组织，了解纯铜、铜合金的显微组织特征。

（2）加深理解铜及铜合金成分、组织和性能之间的相互关系。

2.4.3　实训内容及步骤

实训内容包括了铜及铜合金铸造和加工制品显微组织检验的试样制备、显微组织检验。

1. 试样制备

（1）试样选择。

试样选择应根据有关标准或技术协议的规定，选取有代表性的部位。

测定加工制品的退火再结晶晶粒平均直径，以及观察冷加工的金属晶粒畸变程度的试样沿平行于加工方向的纵向切面截取；检验锭坯径向组织变化规律的试样沿垂直于锭坯轴线方向的截面截取。

分析缺陷的试样，应在缺陷部位或缺陷附近取样，并同时在正常部位取样进行对比。

（2）试样尺寸。

取样数量应符合有关技术标准、技术协议的规定，试样尺寸可参照表 2 - 20 进行。

表 2 - 20   试样尺寸   单位:mm

试样类型	长度	宽度	高度	直径
块状	20 ~ 25	10 ~ 15	15 ~ 20	—
板状	25 ~ 30	25 ~ 30	—	—
圆柱形	—	—	15 ~ 20	12 ~ 15
注:厚度≤0.5mm 的带材及具有小截面的加工制品,可视具体情况灵活截取。				

（3）试样切取。

铜合金较软,不宜采用砂轮切取,可采用手锯、剪切、刨、车、铣加工等取样,精细样品应采用线切割取样,硬脆的中间合金可用锤击取样。取样时应避免样品变形、温度过高等,为此,取样时可采用水、机油或乳液加以冷却。

（4）试样磨光。

切取后的试样应首先用锉刀锉去 1 ~ 2mm,并锉出一个平面,然后,依次采用不同粒度的水砂纸磨光。磨光可以用手工磨光,也可采用电动磨盘磨光。电动磨光粗磨通常使用 150 ~ 180 号水砂纸。

（5）试样抛光。

抛光方式有机械抛光、电解抛光和化学抛光等。

①机械抛光。经细磨后的试样,水洗后移至装有帆布的抛光盘上先进行粗抛,抛光剂可选用三氧化二铬、氧化铝、氧化镁等水的悬浮液,或使用金刚砂研磨膏。转速一般采用 500 ~ 1000r/min,抛至细磨痕完全消失为止,粗抛光一次完成以后,转动试样方向再抛一次,当上次磨痕很快消失时(10s 以内为好),然后用水洗净,进行细抛光。

细抛光在装有毛毡的抛光盘上进行,抛光剂使用浓度较稀的三氧化二铬悬浮液或粒度更细的金刚石研磨膏,细抛达到划痕方向一致时,用水冲洗试样,然后进行精抛光,精抛在装有呢绒或丝绒的抛光盘上进行,精抛时可以用水润滑,抛到试样表面无划痕为止。

②电解抛光。电解抛光适用于大批量生产检验和一般的组织检查。电解抛光装置的示意图如图 2 - 66 所示。

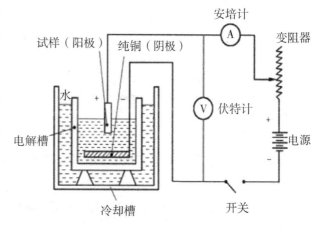

图 2 - 66   电解抛光装置示意图

电解槽的尺寸为 ∅100mm × 60mm,每次使用适量抛光液。抛光液成分及抛光参数见

表 2-21。将磨光好的试样,用夹子夹住,接通电源,抛光后取出,放入水中清洗。

表 2-21 铜合金电解抛光液及抛光条件

序号	抛光液成分	抛光条件	阴极材料	适用范围
1	正磷酸 3 份 水 4 份	电压:30~50V 时间:10~20s	纯铜	纯铜及某些单相铜合金
2	正磷酸 2 份 水 1 份	电压:1.2~2V 时间:15~30s	纯铜	纯铜、黄铜、铅青铜、锡青铜、磷青铜、硅青铜及含铍、铁、铅、铬低于3%的青铜
3	正磷酸 670mL 硫酸 100mL 蒸馏水 300mL	电压:2~3V 时间:15min	纯铜	纯铜、锡青铜
4	正磷酸 1 份 无水乙醇 9 份	电压:30~50V 时间:10~15s	纯铜	高铜箔材

③化学抛光。通过化学试剂对试样表面的溶解,达到抛光的目的。常用化学抛光剂及参数见表 2-22。

表 2-22 化学抛光试剂及抛光条件

序号	试剂成分	抛光条件	适用范围
1	正磷酸 33mL 硝酸 33mL 冰醋酸 33mL	温度:60~70℃ 时间:122min	纯铜
2	正磷酸 10mL 硝酸 30mL 盐酸 10mL 冰醋酸 50mL	温度:70~80℃ 时间:1~2min	铜合金

2. 试样浸蚀

(1)浸蚀剂。

抛光好的试样,根据检查目的,选用适当浸蚀剂,以显示其显微组织,浸蚀剂应使用以下化学药品进行配制。

①硝酸铁乙醇溶液。硝酸铁2g、无水乙醇50mL。该试剂作用柔和,使用时加入少量的水可使单相铜合金晶粒染色。

②三氯化铁盐酸乙醇溶液。三氯化铁3g、盐酸2mL、无水乙醇96mL。该试剂对晶界浸蚀能力较强。

常见铜合金的特殊浸蚀剂见表 2-23。

表 2－23　　铜合金用浸蚀剂

序号	试剂成分	浸蚀方法	适用范围	备注
1	不浸蚀	—	铜及铜合金	检查含铅铜合金中铅相的分布,铜中含氧化物、硫化物、硒化物、碲化物等夹杂物
2	硝酸铁　　2g 无水乙醇　50 mL	擦拭	铜及铜合金	加少量水可使单相合金晶粒染色。纯铜、铬青铜、碲铜抛光时,将几滴浸蚀剂倒在最后一道抛光面上,抛几秒,然后倒上水,抛至表面发亮,反复数次能得到较好效果
3	三氯化铁　盐酸　　水 　g　　　mL　　mL 　1　　　20　　100 　3　　　10　　100 　5　　　10　　100 19(20)　6(5)　100	浸入或擦拭	纯铜、黄铜、青铜	使用时加入 50% 酒精混合使用,黄铜 β 相能变黑 ①可加入 1g 二氯化铜; ②格莱氏试剂 No.2,使用时可加入 1g 二氯化铜及 0.5g 二氯化锡; ③又称格莱氏试剂 No.1
4	三氯化铁　　59g 盐酸　　　　2mL 无水乙醇　　96mL	擦拭	铜及铜合金	用乙醇稀释至 5:1
5	三氯化铁　　3g 无水乙醇　　100mL	反复擦拭	硅青铜等	试剂现配现用,腐蚀速度较慢
6	氢氧化铵　　20mL 水　　　　0~20mL 双氧水　　8~20mL	浸入或擦拭	铜及铜合金	先将氢氧化铵与水混合好,然后加双氧水,必须现配现用
7	三氯化铬　　7.2g 重铬酸钾　　15g 醋酸　　　　7mL 硫酸　　　　58mL 加水至　　100mL	浸入	铜及铜合金	显现铜合金晶界,浸蚀后再用格莱氏 No.1 试剂使晶粒染色
8	二铬化铜　8~10g 氢氧化铵　8~100mL	浸入	铍青铜、白铜	能使铍青铜 α 相变暗,β 相呈亮白色

续表

序号	试剂成分		浸蚀方法	适用范围	备 注
9	硝酸 醋酸 水	30mL 42mL 28mL	浸入	加工及退火 锡青铜	有良好晶粒对比
10	铁氰化钾 水	1～5g 100mL	浸入	锡磷青铜	能区分 δ 相及 Cu_3P 相,δ 相浸蚀后颜色不变,Cu_3P 相由蓝色变至深灰色
11	重铬酸钾 硫酸 氯化钠饱和水溶液	2g 8mL 4mL	浸入	纯铜及铍、锰、硅、铬、青铜、白铜	—
12	醋酸(75%) 硝酸 丙酮	30mL 20mL 30mL	擦拭	白铜	—
13	氢氧化铵 过硫酸铵溶液 水	25mL 50mL 25mL	浸入 冷浸或热浸	铜及铜合金	浸入后 NiAl 呈鸠灰色,Ni_3AL 呈暗灰色
14	铬酸 水	1g 100mL	电压:6V 时间:56s	铍青铜	铝作阴极
15	硫酸亚铁 氢氧化钠 硫酸 水	30g 4g 100mL 1900mL	电压:8～10V 时间:10～15s	黄铜 青铜 白铜	—
16	冰醋酸 硝酸 水	5mL 10mL 85mL	电压:0.5～10V 时间:5～I5s	白铜	—

(2)浸蚀的操作。

①浸蚀剂应现用现配。将称量好的药品放入盛有乙醇的浸蚀皿中,搅拌使其完全溶解。

注意:对于含有有毒的或刺激气体的试剂,整个过程要在通风橱内进行,并避免同皮肤接触。

②取一小块脱脂棉放入浸蚀剂中,用夹子夹住醮有浸蚀剂的脱脂棉球,轻轻地在试样表面上擦拭几下。使试样表层变形层溶去,然后一边在试样表面滴上浸蚀剂。一边观察。待试样表面光泽变暗,组织显示后,迅速移至水下,冲去多余浸蚀剂,将试样表面倾斜约45°角,用少量酒精冲洗走残留水珠后。用电吹风吹干试样。

③浸蚀程度视金属的性质、检验目的而定,以显微镜下观察组织清晰为准。一般要先进行浅浸蚀。在显微镜下观察。若认为浸蚀程度不足。可继续浸蚀或重新抛光后再浸蚀;若浸蚀过度则必须重新磨制抛光后再浸蚀。

3.显微组织检验

(1)试样的显微组织检验包括浸蚀前检验和浸蚀后的检验,浸蚀前主要检验试样的夹杂物、裂纹、孔隙等。例如:紫铜中的氧化亚铜在明场下呈蓝灰色,偏光下呈红宝石颜色。

(2)显微检验一般先由低倍率(50~100)×观察,对于有细微结构的组织,用高倍率作细致地观察分析。

(3)利用显微镜具有的多种照明方式,对组织的特征进行对比分析。比如:采用正交偏振光对退火样品的晶粒度观察。

(4)根据需要进行显微照相。

2.4.4 实训设备及试样

(1)制样设备(如金相切割机、镶嵌机、磨抛机、电解抛光腐蚀设备等);

(2)金相显微镜数台;

(3)已制备好的几种铜及铜合金的金相试样;

(4)相应试样的金相组织图片一套;

(5)多媒体设备一套。

2.4.5 实训报告要求

实训报告应说明:试样的来源、牌号、规格、状态。

1.画组织示意图

观察各试样的金相组织特征,并描绘试样的显微组织示意图。

(1)应画在30~50mm 直径的圆内,在图下方注明:材料名称、热处理状态、放大倍数、腐蚀剂和金相组织。并将组织组成物用细线引出标明。如图2-67所示。

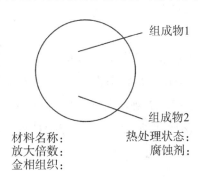

图2-67 画图方法

(2)先在草纸上按要求画出,再画在正式报告上,并将草图附上。

2. 回答问题

(1)铜合金如何分类?

(2)黄铜的应力腐蚀倾向如何评定?

3. 分析讨论

分析成分、热处理状态对合金相显微组织和性能的影响。

2.5　钛及钛合金的金相检验与分析

2.5.1　实训知识准备

钛合金的广泛应用,得益于 20 世纪 50 年代以来航空航天技术发展的迫切需要。如阿波罗飞船上钛合金高达 1180kg。高的比强度,优良的耐蚀性和高的使用温度,不仅使钛合金成为航空航天工业中不可或缺的结构材料,而且在造船、医疗、化工、冶金等领域的应用日益增多。由于钛在高温时异常活泼,因此钛及钛合金的熔炼、浇铸、焊接和部分热处理都要在真空或惰性气体中进行。

1. 钛合金的分类

根据用途,工业用钛合金分为结构钛合金、耐热钛合金和耐蚀钛合金。按其退火(空冷)后的显微组织分为 α 型(TA 系)、β 型(TB 系)和 $\alpha + \beta$ 型(TC 系)三类。

(1)α 型钛合金(TA)。

退火组织以 α 钛为基体的单相固溶体的合金称 α 合金。我国 α 合金的表示方法为 TA 后跟一个代表合金序号的数字,如 TA4、TA7 等。不同牌号的钛合金,其成分及力学性能有差别。这类合金中的合金元素主要是 α 稳定元素和中性元素,如 Al、Sn、Zr。α 合金强度较低,其主要特点是高温性能好,组织稳定,焊接性和热稳定性好,是发展耐热钛合金的基础,一般不能通过热处理强化。

(2)β 型钛合金(TB)。

含 β 相较多(> 17%)的合金称为 β 合金,β 相的稳定化元素为 V、Mo、Mn、Cr、Fe、Cu、Si 等。目前工业上应用的 β 合金在平衡状态为($\alpha + \beta$)两相组织,但空冷时、可将高温的 β 相保持到室温,得到全 β 相组织。β 型合金具有良好的加工性,经淬火、时效后可得到很高的室温强度。但其高温组织不稳定,耐热性和焊接性差。这类合金的编号为 TB,如 TB1、TB2 等。

(3)$\alpha + \beta$ 型钛合金(TC)。

退火组织为($\alpha + \beta$)相的合金称($\alpha + \beta$)两相合金。这类合金的特点是含有 α 稳定元素和约 2% ~10% 的 β 稳定元素。合金中因 β 相含量增加,有较好的综合力学性能,强度比 α 铁合金高,可热处理强化热压力加工性好,是目前应用最广泛的一类合金。这类合金的编号为 TC,最常用的牌号有 TC4、TC11 等。以上三类合金在示意相图上的位置如图 2 - 68 所示。

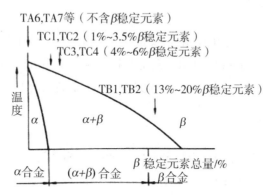

图 2 - 68　β 稳定元素含量与合金组织的关系

2. 钛合金的基本组织特点

钛合金的基体是以钛的两种同素异晶体 α 相和 β 相为基体的固溶体,能形成各种各样的显微组织。其 α 相和 β 相同素异构转变点为 882. 5℃。转变点温度以下为 α 相,以上为 β 相。纯钛在室温下得不到 β 相,但若添加适量的合金元素,就可在室温下得到 β 相。β 相较 α 相要致密。

钛合金组织中有两种基本相 α + β,合金经变形和热处理后,组织形态呈现多种特征。钛合金的组织术语在 GB/T6611—2008《钛及钛合金术语和金相图谱》中已标准化。该标准可用于钛及钛合金金相组织的分析鉴别。

钛合金的基本组织特点如下:

(1)等轴组织。

α 型合金在两相区较低温度加热变形,热处理后得到等轴 α 及 β 转变组织,其中 β 转变组织是由条状 α + β 相组成。图 2 - 69 为 TC11 合金的等轴组织。

图2 - 69　TC11 合金的等轴(α(初生 α) + $\beta_{转}$(500 ×))

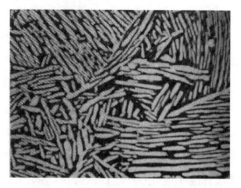

图 2 - 70　钛合金的网篮组织(500 ×)

（2）网篮组织。

β 区加热经较大 β 区变形、在（α+β）区终止变形后得到的组织，变形量达 50% 或更大，原始 β 晶界基本破碎，α 片或 α+β 小片短而歪扭，且纵横交错排列，如编织网篮的形状，称为网篮组织，如图 2-70 所示。

（3）魏氏组织。

当变形开始和终了温度都在 β 相区，变形量又不很大（一般小于 50%）时，或加热到 β 相区后较慢冷却，都将得到魏氏组织。其组织特征是具有粗大等轴的原始 β 晶粒，在原 β 晶界上有较完整的 α 网，原始 β 晶界清晰完整，在原 β 晶内有长条 α 相，α 条间夹有 β 相，如图 2-71 所示。

（4）初生 α 组织。

试合金在加热和冷却过程中，始终未发生转变的 α 相称为初生 α。初生 α 相的形态可呈等轴状、块状、或板条状，图 2-71 所示 TC11 中的初生 α 组织，其形状、大小与原始组织、变形量和加热温度、保温时间有关。

（5）β 转变组织（转变 β）。

两相钛合金加热到 α+β 两相区较高温度或 β 相区后，较慢冷却过程中，由 β 相析出的次生 α 相与 β 相混合的一种组织，通常由片状的 α-β 组成。片状 α 可能被 β 相隔离，可能并存初生 α 相，典型组织形貌如图 2-71 所示。

图 2-71　钛合金的魏氏组织（500×）　　　图 2-72　钛合金的马氏体组织（500×）

（6）马氏体。

α 及 α+β 合金加热到两相区较高温度或 β 相区后以极快的速度冷却到 M_S 点以下，由 β 相析出 α 相的过程来不及进行，但 β 相的晶体结构仍然发生了转变，即以非扩散方式转变形成的 α 产物，亦称马氏体 α。其特征为隐针或针状马氏体，其典型形貌如图 2-72 所示。

3. 钛合金的金相检验项目

钛合金的金相检验方法按 GB/T5168—2008《两相钛合金高低倍组织检验方法》进行，标准中规定的 α-β 钛合金高低倍组织、试样的制备、腐蚀要求和检验结果的判定。

（1）钛合金的宏观（低倍）组织检验。

钛合金的宏观组织通常按晶粒特征分为模糊晶、半清晰晶和清晰晶。一般等轴组织为模糊晶、粗晶一般为清晰晶，模糊晶的力学性能较好。有些钛合金宏观组织检验分为10级或12级。除此以外宏观组织检验对一些钛合金的缺陷进行判定，如缩孔、疏松、α偏析、β斑等。

（2）钛合金的显微（高倍）组织检验。

①一般显微组织检验。不同钛合金根据不同的性能要求，有各自的显微组织评级图。检验时按照不同的评级图片对比评定。这些标准图片是按照显微组织的类型，初生α相的形态、含量等作为组织评定级别的依据。

②α层检验。用于钛合金原材料和零件表面的检验。当钛合金在较高温度下暴露于空气中，吸收空气中的氧、氮及碳，易形成富集氧、氮及碳的α稳定表面层。α层通常硬而脆，是一种有害层，属不允许的组织。典型组织形貌如图2-73所示。

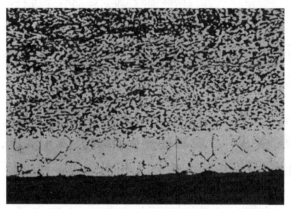

图 2-73　钛合金典型 α 层组织

2.5.2　实训目的

（1）观察和分析钛及钛合金的金相显微组织，了解常用钛及钛合金的显微组织特征。

（2）加深理解钛及钛合金成分、组织和性能之间的相互关系。

2.5.3　实训内容及步骤

1. 低倍组织检验

（1）取样。

低倍样品应根据产品技术要求或表2-24的规定切取。样品切割过程中，应采取适当措施，避免样品表面及内部组织发生变化。

表 2 - 24　低倍样品取样要求

产品分类	取样要求
棒材、挤压材、挤压用毛坯	样品从检验的产品横向及纵向切取,样品截面厚度推荐尺寸:13mm ~ 25mm
板材	样品从检验产品的横向或纵向切取样,样品推荐尺寸:板厚×受检面长度(120mm ~ 150mm)×垂直受检面长度(13mm ~ 25mm)
锻件	当尺寸允许时,应对锻件外表面进行粗加工,以保证去除 α 层
焊接件	焊接部位的剖面应包含焊缝区、热影响区及部分母材
零件	零件剖面

(2)样品热处理。

若产品技术要求未规定样品进行热处理时,应对样品直接进行低倍组织检验。斑检验时,推荐在 β 转变温度以下 15℃ ~ 30℃ 加热,保温 60min ± 5min,以相当于空冷或更快的速度冷却。宏观晶粒度检验时,按产品技术要求规定进行热处理。推荐在 β 转变温度以上 30℃ 加热,保温 120min ± 5min,以相当于空冷或更快的速度冷却。

(3)制样。

样品应采取车、铣、刨、磨等方式或几种方式的组合进行表面加工。样品应去除因取样、制样造成的加工痕迹。锻件样品表面粗糙度 Ra 应不大于 3.2μm,其他样品表面粗糙度 Ra 应不大于 1.6μm。

(4)样品腐蚀。

腐蚀前应对受检表面进行检查,可进行除油或光亮处理,确保表面无损伤及污染。产品技术要求无规定时,推荐按表 2 - 25 的规定进行腐蚀。

表 2 - 25　低倍组织腐蚀剂及使用要求

编号	腐蚀剂配比	温度	时间	适用范围
1	10mL HF + 25mL HNO_3 + 65mL H_2O	室温	60s ~ 120s	通用
2	18g/L 的 NH_4HF_2 溶液			通用
3	60mL H_2O_2 + 10mL HF + 30mL H_2O			纯钛
4	1.5mL HF + 15mL HNO_3 + 83.5mL H_2O			TA5、TA7
5	250mL HCL + 35mL HNO_3 + 100mL H_2O			焊缝
6	20mL HCL + 40mL HF + 40mL H_2O			纯钛及 β 型钛合金

通常采取浸蚀方式进行腐蚀,若采用擦拭方式时,以可均匀显示低倍组织为准。腐蚀后应立刻用干净的流水冲洗。样品应去除腐蚀产物及污迹,并吹干。

（5）检验。

在足够的光照条件下，对低倍组织检验存在疑义的区域应进行高倍组织检验后综合评判。

2. 高倍组织检验

（1）取样。

样品应根据产品技术要求或试验目的，从有代表性的部位或在户外进行低倍组织检验的样品上切取。切取过程中应防止发生塑性变形及因受热引起的高倍组织变化。推荐样品尺寸：受检面面积小于 $400mm^2$、高度 $15mm \sim 20mm$ 为宜。

根据不同的检验目的选取合理的受检面并明确标识。挤压或轧制管材组织的受检面选取纵向截面，其他加工制品组织的受检面选取垂直于主变形方向的横向截面。

（2）样品镶嵌。

检查加工制品表层组织，或样品较小、形状不规则、多孔等情况时，样品应进行镶嵌。镶嵌方法有热镶嵌、冷镶嵌和机械夹持，可根据样品及检验要求选用，具体操作见 GB/T13298。

（3）样品研磨。

选择由粗到细不同粒度的砂纸或磨盘，将样品置于磨样机上依次进行研磨，去除样品加工痕迹。研磨过程可加水进行冷却，防止产生过热组织。

（4）样品抛光。

钛及钛合金通常选用机械抛光，若抛光效果不能达到要求时，可选择化学抛光或电解抛光，也可是几种抛光方式的组合。

机械抛光时，应选择合适的抛光织物与抛光剂，具体要求如下：

①粗抛时在抛光盘上添加粒度约 $10\mu m$ 的氧化铝、金刚石、氧化硅等抛光剂。纯钛样品的抛光可经机械抛光加高倍腐蚀剂腐蚀的方法反复 2 次 ~ 3 次。

②精抛时可选用粒度不大于 $5\mu m$ 的氧化铝、金刚石或氧化硅悬浮液等抛光剂抛光。

钛及钛合金样品采用化学抛光方式制备时，纯钛样品用 60mL H_2O_2 + 30 mL H_2O + 0.5 mL HF 腐蚀剂浸蚀 30s ~ 60s。钛合金用 25mL HF + 25mL HNO_3 腐蚀剂浸蚀，当开始剧烈反应时，再继续 5s ~ 10s 即可。

不进行表层检验或表层尺寸测量的样品可用电解抛光进行制备，电解抛光操作可按 YB/T4377 进行。电解抛光的样品表面应无蚀坑，应能满足正确评定的需要。查抛光后的样品，确保表面均匀，无影响检查评定的变形、划痕等。

（5）样品腐蚀。

产品技术要求无规定时，推荐按表 2 - 26 选择适宜的腐蚀剂。

表 2－26   高倍组织腐蚀剂及使用要求

编号	腐蚀剂配比	温度	时间	适用范围
1	$5mL\ HF + 12mL\ HNO_3 + 83mL\ H_2O$	室温	$5s \sim 10s$	通用
2	$10mL\ HF + 30mL\ HNO_3 + 50mL\ H_2O$			通用
3	$2mL\ HF + 5mL\ HNO_3 + 3mLHCL + 190mL\ H_2O(Keller)$			通用
4	$10mL\ HF + 5mL\ HNO_3 + 85mL\ H_2O$		$10s \sim 20s$	纯钛
5	$5mL\ HF + 20mL\ HNO_3 + 975mL\ H_2O$			
6	$10mL\ HF + 25mL\ HNO_3 + 60mL\ C_3H_8O_3 + 20mL\ H_2O$			TA5、TA7
7	$20mL\ HF + 20mL\ HNO_3 + 60mL\ H_2O$			固溶态钛合金
8	$20mL\ HF + 20mL\ HNO_3 + 60mL\ C_3H_8O_3$		$3s \sim 10s$	固溶时效态
9	$(1mL \sim 3mL)HF + (2mL \sim 6mL)HNO_3 + 100mL\ H_2O$			β 型钛合金

(6)检验。

根据检验需要在金相显微镜上选择明场、偏光等合适的照明方式。从低到高选择不同放大倍数进行组织观察,依据产品技术要求或样品组织,选择合适的放大倍数。对样品受检面进行全范围观察,根据实验目的或产品技术要求,选取有代表性的视场进行结果评判。常见高倍组织可按 GB/T6611 识别和评判。

2.5.4   实训设备及试样

(1)制样设备(如金相切割机、镶嵌机、磨抛机、电解抛光腐蚀设备等);

(2)金相显微镜数台;

(3)已制备好的几种钛及钛合金的金相试样;

(4)相应试样的金相组织图片一套;

(5)多媒体设备一套。

2.5.5   实训报告要求

1.画组织示意图

观察各试样的金相组织特征,并描绘试样的显微组织示意图。

(1)应画在 30～50mm 直径的圆内,在图下方注明:材料名称、热处理状态、放大倍数、腐蚀剂和金相组织。并将组织组成物用细线引出标明。如图 2－74 所示。

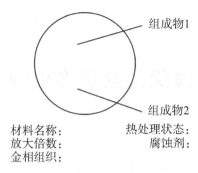

材料名称：　　　　热处理状态：
放大倍数：　　　　腐蚀剂：
金相组织：

图 2 - 74　画图方法

（2）先在草纸上按要求画出，再画在正式报告上，并将草图附上。

2.回答问题

（1）钛合金一般分几类？组织分别是什么？

（2）钛合金的 α 层是怎么形成的？

（3）什么是钛合金的网篮组织？

3.分析讨论

分析成分、热处理状态对钛合金相显微组织和性能的影响。

3　常规热处理实训项目

知识目标

1. 掌握热处理设备的工作原理、结构、性能、使用方法。

2. 掌握常规热处理的基本知识、淬火和回火工艺的制定方法。

能力目标

1. 具有常见热处理设备的辨别能力和热处理设备选用能力。

2. 根据指定的热处理工艺卡片,能够完成热处理工艺设备操作能力。

3. 具有初步制定出合理热处理工艺的能力。

素质目标

1. 培养学生严谨认真、自主学习和创新精神。

2. 培养学生团队合作的意识和安全意识。

3. 培养学生的职业道德和职业素养。

3.1　热处理设备使用

3.1.1　实训准备知识

热处理炉的主要任务是加热金属工件,完成热处理工艺过程,使工件性能达到使用的技术要求,保证生产率,且在热处理过程中具有低的散热损失、加热速度快、降低生产成本的能力。热处理炉对工件的加热是通过传热来实现的,而在热处理炉内的传热过程是很复杂的,因此有必要掌握传热的基本规律,对于炉子的设计及操作是很重要的。

热处理生产中存在着各种各样的传热问题,但归纳起来有两种类型:一类是增强传热,解决如何把燃料或电能产生的热量有效地传递给工件;另一类是削弱传热,如用炉墙降低炉子散热损失的作用。

1. 传热的基本形式

热量传递有三种基本形式,即传导、对流和辐射。

（1）传导。

热量从物体中温度较高的部分传递到温度较低的部分或者传递到与之接触的温度

较低的另一物体的过程称为传导传热,简称导热。在纯导热过程中,物体的各部分之间不发生相对位移,如工件在炉内加热时的均温以及炉墙散热等均属于传导传热过程。

传导传热在固体、液体和气体中都可进行,其中在液体和非金属固体中热量的传导依靠分子的振动,在气体中则依靠原子或分子的扩散,在金属中则主要依靠自由电子的运动。

(2)对流。

对流是指流体各部分质点发生相对位移而引起的热量传递过程,因而对流只能发生在流体中,在化工生产中常遇到的是流体流过固定表面时,热能由流体传到固体壁面,或者由固体壁面传入周围流体,这一过程称为对流传热。

若流体原来是静止的,因受热而有密度的局部变化,会导致发生对流而传热的,称为自然对流传热。凡受外力作用,如鼓风机、泵或搅拌器等作用而发生的流动,则称为强制对流。流体在强制对流情况下进行的传热,称为强制对流传热。自然对流时,流体流动速度一般很小,故自然对流传热进行的强度远弱于强制对流传热。如炽热的炉气将热量传递给工件的表面,或工件在盐浴炉中被加热均属于对流传热。

(3)辐射。

辐射是一种以电磁波传递能量的现象,物体会因各种原因发出辐射能,其中因热的原因而发生辐射能的过程称为辐射传热。物体在放热时,热能变为辐射能,以电磁波的形式发射而在空间传播,当遇到另一物体,则部分地或全部地被吸收,重新又转变了热能,因而辐射不仅是能量的转移,而且伴有能量形式的转化,这是辐射传热区别于传导传热和对流传热的特点之一,因此,辐射能可以在真空中传播,不需要任何物质做媒介,物体虽能以辐射能的方式传递热量,但是,只有在高温下辐射才能成为主要的传热方式,而传导和对流需要传热物体间的直接接触。如工件在高温炉中加热时,辐射传热就占有主要地位。

在实际生产中,上述三种传热方式并不是单独存在的,在炉内实际进行的热交换过程也是由这三种基本形式组成的综合传热过程。

2. 筑炉材料

砌筑热处理炉所需的材料统称为筑炉材料。主要的筑炉材料有砌筑炉衬所用的耐火材料、隔热材料、制作炉底板和炉罐的耐热钢。

热处理炉通常处于高温作业,所以筑炉材料中以耐火材料最为重要,因此在设计、建造炉子时,合理地选用耐火材料对提高炉子寿命、降低成本、节约热能都有重要的作用。凡能够抵抗高温,并能承受高温物理和化学作用的材料,称为耐火材料。

(1)热处理炉对耐火材料的性能要求。

①有足够的耐火度。耐火度是耐火材料抵抗高温作用的性能,指耐火材料受热后软化到一定程度时的温度,但并不是它的熔点[1]。

根据耐火度的高低,耐火材料可分为普通耐火材料(耐火度为 1580 ~ 1770℃)、高级耐火材料(耐火度为 1770 ~ 2000℃)和特级耐火材料(耐火度大于 2000℃)。

②有一定的高温结构强度。高温结构强度用荷重软化点来评定,荷重软化点是指试样(尺寸为 $\varnothing 36mm \times 50mm$)在一定压力(0.2MPa)条件下,以一定的升温速度加热,测出试样开始变形(变形量为原试样的 0.6%)的温度,此温度就称为该耐火材料的荷重软化开始点。

③有良好的耐急冷急热性。在热处理炉工作过程中,耐火材料工作温度会经常急剧变化。如炉子的升温、台车式炉进行正火作业时,工作温度波动都很大,若耐火材料没有足够抵抗温度急剧变化的能力,就会过早地损坏。

④高温化学稳定性好。高温化学稳定性是指耐火材料在高温下抵抗熔渣、熔盐、金属氧化物和炉内气氛等侵蚀作用的能力。制造无罐渗碳气氛热处理炉时,由于高碳气氛对普通耐火黏土砖有破坏作用,所以炉墙内衬的耐火材料需用含质量分数 $Fe_2O_3 < 1\%$ 的耐火材砖(即抗渗碳砖)。制造电极盐浴炉时,由于熔盐对耐火材料有冲刷作用,所以坩埚的耐火材料必须使用重质耐火砖或耐火混凝土。电热元件搁砖不得与电热体发生化学作用,对铁铬铝电热体要用高铝砖做搁砖。

⑤高温下的体积稳定性。耐火制品在高温下长期使用时,由于其组织结构发生变化,体积会膨胀或收缩,这种体积的变化不同于一般的热胀冷缩,是不可逆的,称为残存膨胀或残存收缩。这种体积变化过大会影响砌体强度,严重时会造成砌体倒塌。一般要求体积变化不超过 0.5% ~ 1%。

(2)常用的耐火材料。

热处理炉常用的耐火材料黏土砖、高铝砖、耐火混凝土制品及各种耐火纤维等。耐火材料常制成重质、轻质和超轻质耐火制品。

①轻质(轻质砖)与超轻质耐火材料。体积密度较小的耐火材料叫轻质耐火材料。一般重质黏土砖的密度为 2.1 ~ 2.2g/cm³,重质高铝砖的密度为 2.3 ~ 2.75g/cm³,而轻质黏土砖的密度为 0.4 ~ 1.3g/cm³,且呈黄色或浅黄色,密度不大于 0.3g/cm³ 时则为超轻质砖。

轻质耐火材料具有重量轻、气孔多、保温性能好,而且每个气孔很小,在制品中分布均匀,因此有一定的耐压强度。采用轻质耐火材料做炉子砌体时,可以减少蓄热损失,尤其对周期作业炉意义更大,可显著缩短升温时间,提高炉子的热效率,且可以缩小炉子的体积。但轻质耐火材料的耐压强度差、荷重软化点也较低和抗蚀性也较差等,故选用轻质耐火砖作大型热处理炉炉衬时,应考虑其高温结构强度能否满足要求。因其气孔多、抗蚀性也较差,故不能做浴炉的炉衬。

②黏土质耐火材料(重质砖)。黏土质耐火材料的化学成分为:Al_2O_3 30% ~ 40%,SiO_2 50% ~ 60%,其他各种杂质约占 5% ~ 7%。这种耐火材料制成砖,其密度和比重较

大,故叫作"重质砖",呈棕色或棕黄色。

重质砖在热处理炉中应用最广泛,可以用于砌筑炉体、炉底等,具有良好的耐急冷急热性。它对铁铬铝电热元件有腐蚀作用,因此不宜用于铁铬铝电热元件的搁砖。在高碳气氛中易受到 CO、H_2 的作用而破坏,故也不能用作高温气氛炉的内衬。

③刚玉制品。刚玉制品属于高铝质耐火材料一类,Al_2O_3 含量(质量分数)在85%以上,呈白色。它有很高的耐火度和高温结构强度。可用作电阻丝搁砖、电阻丝接线棒和热电偶的套管、炉芯以及高温炉的炉底板等。

④高铝质耐火材料。高铝质耐火材料是 Al_2O_3 含量在48%以上的耐火制品,呈浅白色。高铝质耐火材料具有耐火度高、高温结构强度较高、致密度高、化学稳定性好等优点,但价格较黏土砖高。通常用于砌筑高温炉内衬、电热元件的搁砖和套管等。

⑤耐火混凝土。与耐火砖相比,耐火混凝土的优点是:可在现场直接制造,取消了复杂的烧结工序;具有可塑性和整体性,有利于复杂制品的成型;较耐火砖砌炉及修炉的速度快,加强了炉体的整体性,寿命长。

⑥硅酸铝耐火纤维。硅酸铝耐火纤维是一种新型耐火隔热材料,兼有耐火和隔热材料的特点,具有重量轻、耐高温、热稳定性好、热导率低、比热小、耐机械振动等特点。同时它还是一种柔性材料,使用中可不考虑热应力的影响,并使设备具有隔热性能好、升温快、热耗低等优点。

(3)隔热材料。

要保持热处理炉的工作温度,就需要防止炉内热量的散失,为此,在砌筑热处理炉时要在耐火层外砌筑或加一层保温隔热材料。工程上把热导率小于 $0.25W/(m \cdot ℃)$ 的材料称为隔热材料。隔热材料的主要性能特点是热导率低、体积密度小、比热小等。常用的隔热材料有硅藻土、蛭石、矿渣棉、石棉以及珍珠岩制品等,它们可以制成型砖或以粉料使用。

①硅藻土。硅藻土含二氧化硅74%～94%,呈灰色或粉红色,可以制成型砖或以粉料使用,具有很好的保温隔热性能。

②矿渣棉。矿渣棉是将煤渣、高炉炉渣和某些矿石,在1250～1350℃熔化后,用压缩空气或蒸汽将其喷成长为2～6mm、直径为2～20μm的纤维状即可使用。矿渣棉具有体积密度小、热导率低、吸湿性小等特点。但当堆积过厚或受震动时易被压实,体积密度增加,保温隔热能力下降。

③蛭石。又称云母,易于剥成薄片,内含水分,受热后水分迅速蒸发而形成膨胀蛭石。体积密度及热导率均很小,是一种良好的保温材料。使用时可以直接将膨胀蛭石倒入炉壳与炉衬之间,也可以用高铝水泥、水玻璃或沥青作结合剂制成各种形状的制品。

④珍珠岩。珍珠岩是一种超轻质的保温隔热材料,以磷酸盐、水玻璃、水泥为胶结剂,按一定比例配合,干燥烧结成型的制品。水泥胶结制品最高使用温度为800℃。

⑤石棉。石棉熔点为1500℃,但在700～800℃时就会变脆。为此,石棉长期使用温度应在500℃以下,短时可以达到700℃。石棉制品主要有石棉粉、石棉板、石棉绳等。

(4)炉用耐热金属材料。

热处理炉的炉底板、炉罐、坩埚、导轨、轴、输送带和料盘等,都是在高温下工作的,均需要用耐热钢或者耐热铸铁制造。常用耐热钢的牌号及允许工作温度:Cr3Si(600～750℃),4Cr9Si2(800～850℃),1Cr13和2Cr13(850～1000℃),Cr17Al4Si(1000～1100℃),它们主要用于制作坩埚、炉底板、料盘和导轨等。1Cr18Ni9Ti(950～1000℃),3Cr18Ni25Si2和Cr23Ni18(1000～1050℃),Cr15Ni35和Cr25Ni12(1100℃),它们主要用于制作炉罐、风扇叶片、轴、输送带和炉底板等。

3. 炉用仪表

热处理炉用仪表是热处理生产中重要的检测和控制设备,热处理工艺参数的准确测量是正确执行热处理工艺、保证热处理质量的重要前提,特别是温度、碳势的准确测定,对热处理工艺质量起到重要的保证作用,因此,炉用仪表是热处理设备的重要组成部分。

热电偶是温度测量仪表中常用的测温元件,它直接测量温度,并把温度信号转换成热电动势信号,通过电气仪表(二次仪表)转换成被测介质的温度。各种热电偶的外形常因需要而极不相同,但是它们的基本结构却大致相同,通常由热电极、绝缘套、保护管和接线盒等主要部分组成,通常和显示仪表、记录仪表及电子调节器配套使用。利用热电现像制成的温度计称为热电偶高温计。热电偶高温计是工业上也是热处理生产上应用最广的测温元件。

(1)热电偶工作原理。

两种不同成分的导体(称为热电偶丝材或热电极)两端接合成回路,当两个接合点的温度不同时,在回路中就会产生电动势,这种现象称为热电效应,而这种电动势称为热电势。热电偶就是利用这种原理进行温度测量的,其中,直接用作测量介质温度的一端叫作工作端(也称为测量端),另一端叫作冷端(也称为补偿端);冷端与显示仪表或配套仪表连接,显示仪表会指出热电偶所产生的热电势。

(2)标准化热电偶。

铂铑10 - 铂热电偶的分度号为S。此种热电偶用铂铑丝和铂丝制成,铂铑丝含铂90%,含铑10%为正极,铂丝为负极。长期使用的最高温度是1300℃,短期使用可到1600℃,是热处理生产中采用的高温热电偶。

镍铬 - 镍硅热电偶用镍铬合金和镍硅合金分别作为正极和负极,主要是使用于测量中温的热电偶。它在氧化性和中性气氛中性能较稳定,长期使用的最高温度是900℃,短期使用温度可达1200℃,是热处理生产中应用最多的一种热电偶。

镍铬 - 康铜热电偶用镍铬合金丝作为正极,负极是用称为康铜的铜镍合金制作,由于康铜在高温下容易氧化变质,镍铬 - 康铜热电偶的长期使用最高温度仅是600℃,短期使用温度只能到800℃,但测量低温可到 - 200℃。

（3）热电偶结构。

热电偶的品种和类型很多,其中以普通热电偶应用最为广泛。

①普通型热电偶的组成。普通型热电偶通常都是由热电极、绝缘管、保护套管和接线盒四部分组成。

热电极是热电偶的核心部分。普通型热电偶的热电极,通常都加工成丝状,焊接其一端而成。热电极长度常做成100～2000mm 范围内的各种规格,供实际选用。

绝缘管又称绝缘子,开有通孔套在热电极上,主要用途:作隔离两根电极和隔离电极与金属保护套管,否则会因短路过渡使热电势损耗而引起测量误差。绝缘子通常是用耐高温的绝缘材料如陶瓷、石英、氧化铝等材料制成,截面有圆形或椭圆形,开有单孔、双孔等形式。

保护管的作用是防止或减少各种有害气体、有害物质对热电极的直接侵蚀和高温火焰或气流的直接冲刷;防止导电介质与热电极的直接接触,此外,还具有固定和支撑热电极的作用。套有绝缘管的热电极装在一段封闭的保护管内。因此,热电偶的保护管对延长热电极的使用寿命以及保证测量精度起主要作用。

接线盒是连接热电偶冷端和连接导线的部件,一般用铝合金铸造而成。在接线盒内,热电偶冷端预先分别用螺钉将导线紧固在两个标注有正负极标记的接线柱上,接线时,连接导线由出线孔引入接线盒内,打开接线盒,用螺钉将导线紧固在两个注有正负极标记的接线柱上,然后盖上接线盒。

②热电偶的选择。选择热电偶包括确定热电偶的种类、保护管的材料、结构形式和有效长度等内容。

热电偶的种类主要根据要求的测温范围来确定。一般来讲,1000～1300℃的高温炉测温选用 WRP 型热电偶;600～1000℃的中温炉测温选用 WRN 型;600℃以下的低温炉用 WRE 型,否则,既不经济又会带来较大的相对误差。国产标准化 WRP 型热电偶的保护管材料一般都是高温瓷管,WRN 型用不锈钢管,WRE 型用普通钢管和不锈钢管。

3.1.2　箱式电阻炉

随着科学技术的发展,热处理在机械制造的重要性越来越明显,机械产品中绝大部分需要进行热处理。热处理产品的质量取决于热处理工艺及热处理设备。其中,热处理设备对热处理工艺及工序的制定和热处理质量的结果有着直接的影响,特别是热处理设备可以解决热处理工艺所不能解决的问题。

热处理设备主要有加热设备、冷却设备等,其中加热设备是热处理中的主要设备。热处理炉是热处理车间普遍使用的加热设备。热处理电阻炉按照作业规程和机械化程度可分为周期作业炉和连续作业炉两大类。周期作业炉包括箱式电阻炉、井式电阻炉等。其中箱式电阻炉在热处理车间应用最为广泛。

电阻炉突出的优点有：①控温的精度和自动化程度很高，准确度可达 1 ~ 5℃；②炉温均匀性好，波动范围小，可控制在 3 ~ 5℃；③热效率高，可达 45% ~ 80%（煤气炉 < 25%）；④便于采用可控气氛；⑤结构简单紧凑，体积小，便于组成流水线生产；⑥生产和热处理工艺的机械化、自动化、生产效率和生产质量高，劳动条件好，对环境污染较小。

箱式电阻炉可以完成多种热处理工艺。适用于碳钢、合金钢的退火、淬火、正火、回火和固体渗碳，单件、小批量生产，其在热处理车间应用最广泛。按工作温度可分为高温炉、中温炉和低温炉。其中以中温箱式电阻炉应用最为广泛。

1. 箱式电阻炉的结构

箱式电阻炉由炉体和电气控制柜两部分组成。炉体主要有炉壳、炉衬、电热元件、炉门、传动和升降机构、台车等部分组成。电气控制柜包括炉温控制系统和传动控制系统。

（1）炉壳。

炉壳的作用是加固和保护炉体，保持炉子的密封性，并可支撑部分辅助装置，使炉子有一个整体美观的外形。电阻炉炉壳采用不同的型钢制成骨架，外覆钢板焊接而成。炉壳内外壁涂防锈底漆，外壁涂银粉漆或其他色漆。

（2）炉衬。

炉衬是炉子的砌体，包括炉墙、炉顶和炉底三部分。其组成：保温材料和耐火材料砌筑。不同温度系列的炉子，其炉衬组成不同。

如中温箱式电阻炉炉衬内层用密度 600 ~ 1000kg/m³ 的轻质黏土砖砌筑，中间层加 40 ~ 60mm 厚的普通硅酸铝纤维毡，隔热层填充普通保温材料成制品。高温箱式电阻炉耐火层用密度大于 1000kg/m³ 的高铝砖砌筑，中间层用多晶莫来石纤维和泡沫氧化铝砖，厚度为 60 ~ 100mm，隔热层用密度 400 ~ 600kg/m³ 的超轻质黏土砖或珍珠岩及其制品填充。

（3）炉门和炉盖。

炉门和炉盖一般用灰铸铁铸造，也有钢板焊接的。炉门的热面砌轻质耐火砖，外层加保温砖。高温箱式电阻炉炉门和炉盖外层填充硅酸铝纤维保温。为了校对炉温和装取试样及观察炉内的温度，在炉门上一般开设有小孔洞（观察孔或取样孔）。

（4）电热元件。

电热元件是热处理电阻炉的关键部件，电阻炉性能的好坏和使用寿命的长短与所选用的电热元件材料是密切相关的。因此，正确选择电热元件是设计电阻炉的重要步骤。

①电热元件材料性能要求。电热元件材料应满足以下性能要求：（a）较小的热膨胀系数。电热元件的热膨胀系数不能太大，而且在设计安装电热元件时，应留有一定的膨胀余量。（b）良好的加工性。加工性指电热元件的成型能力和可焊接的能力。（c）抵抗不良气氛侵蚀的能力。电热元件应能抵抗各种炉气以及炉衬发生的化学反应。（d）高的

耐热性和高温强度。电热元件的工作温度应比炉膛温度高 100~200℃,电热元件在此高温条件下工作,应具有高的耐热性和高温强度。(e)高的电阻率。在电热元件端电压一定,炉子的功率一定时,电热元件的电阻率 ρ 越大,所使用电热元件的长度就会越短,这样既能节约材料又便于安装。(f)小的电阻温度系数。电热元件从不工作时的室温到工作时的高温,其电阻率是不同的,因而在不同温度下炉子的功率也会不同。选择电阻温度系数小的电热元件,可保持比较稳定的功率。此外,成本低。

②常用电热元件。常用电热元件的材料包括金属材料和非金属材料两类。金属电热元件材料可分为合金类铁铬铝系、镍铬系及高熔点金属三类。

铁铬铝系是我国目前应用最广泛的电热元件材料,这类材料熔点高,电阻率大,电阻温度系数小,功率稳定,合金密度小,相同条件下其用量比镍铬合金要少,且合金中不含镍,含铬量也少,其成本低。具有良好的高温抗氧化性。其缺点:高温强度低、塑性差,加热后晶粒粗大,脆性大。常用的牌号有:1Cr13Al4、0Cr13Al6Mo2 等。尽管铁铬铝合金具有很多缺点,但因具有良好的抗高温氧化性和价格低廉,因此铁铬铝合金得到了广泛的应用。

非金属电热元件主要有三类:(a)碳化硅电热元件。碳化硅电热元件的主要成分为 SiC,元件形状为棒状,故称为硅碳棒。硅碳棒易与氢气和水蒸气发生反应而显著缩短其使用寿命,因此,当炉内含有水分时,升温中应打开炉门,使水分充分排出。(b)碳系电热元件。石墨、碳粒和各种碳制品都属于碳系电热元件,碳系电热元件在高温时工作极易氧化,故一般用于中性气氛和真空炉内。石墨电热元件应用最广,可应用于炉温为 1400~2500℃ 的高温炉。石墨热膨胀系数小,热导率大,抗热性好,一般制成管状和带状使用。(c)二硅化钼电热元件。二硅化钼电热元件的主要原料是硅粉和钼粉,用粉末冶金方法烧结压制而成。

③电热元件的安装。电热元件在炉内安装的基本要求:安装电热元件时应保证元件固定可靠,不下垂,不倒伏,避免两根电热元件相接触造成短路。

电热元件的安装方法:电热元件安装于炉子的两侧墙上。电热元件可以水平放置在炉子侧墙上的搁砖上,也可以悬挂在侧墙上或者是安装在套管上。

2. 箱式电阻炉的型号、用途及特点

以 RX3-45-9 为例,箱式电阻炉的型号含义:R—电阻代号,表示电阻炉;X—箱式炉;3—三相电;45—功率为 45kW;9—最高工作温度为 950℃。中温箱式电阻炉型号及技术规格如表 3-1 所列。

表 3 − 1   中温箱式电阻炉型号及技术规格

型号	功率/kW	电压/V	相数	最高工作温度/℃	炉膛尺寸（长×宽×高）/mm × mm × mm	炉温850℃的指标	
						空炉升温时间/h	最大装载量/kg
RX3 − 30 − 9	30	380	3	950	950 × 450 × 350	≤2.5	200
RX3 − 45 − 9	45	380	3	950	1200 × 500 × 400	≤2.5	400
RX3 − 60 − 9	60	380	3	950	1500 × 750 × 450	≤3	700
RX3 − 75 − 9	75	380	3	950	1800 × 900 × 550	≤3.5	1200

箱式电阻炉主要用于钢的淬火、正火和退火加热。这种炉子，主要靠空气传导和炉壁辐射传热。因此，属于氧化性气氛加热。工件在加热过程中，易于氧化和脱碳。

3.1.3　井式电阻炉

井式电阻炉一般用于长形工件的加热，使用吊车非常容易将工件装出炉，长形工件在井式炉里加热的变形较小。炉膛截面多为圆形，由于炉体较高，一般置于地坑中，只露出地面 600 ~ 700mm。对于炉膛较深的井式电阻炉，为使炉温均匀，可分几个加热区，各区温度分别控制。由于井式炉密封性较好、散热面积小，因此热效率较高（高于箱式电阻炉）。井式电阻炉按使用温度来分有高温炉、中温炉和低温炉。其中，以中温及低温炉应用最广。

1. 井式电阻炉的结构

井式电阻炉的结构由炉体、炉盖、加热元件、装料筐、吊架和温控系统等组成。炉体外壳用钢材焊接成圆桶状，内用超轻质节能耐火砖砌筑成竖井式炉膛，承重部位和易碰撞部位用重质耐火砖砌筑，且砌筑时泥浆中掺入适量水玻璃，提高炉衬结构强度，保温层采用硅酸铝耐火纤维、石棉板、硅藻土保温砖复合结构，提高炉体保温性能，降低炉壁温升。

该结构既可提高炉盖保温性能，又减轻了炉盖重量，有利于炉盖的启闭。炉盖的启闭是通过行车起吊来进行的。炉盖与炉体的密封是通过密封槽来进行的，使用时密封槽一次注满清洁干河砂（或砂棉）即可，不必每炉添加。

电炉分两个加热区域，每区功率60kW，分别采用 YY 接法。因该电炉直径较大，为提高炉温均匀性，特在炉底布置了加热元件。加热元件的材质为 0Cr25Al5 合金丝，绕制成螺旋状，搁置在炉丝搁砖上，并用定制插口搁砖固定，防止其脱出搁砖。

装料筐搁置在炉膛底座上，材质为 1Cr18Ni9Ti 不锈钢板，上部四周亦有密封槽，可与装料筐盖配合密封。装料筐盖亦用 1Cr18Ni9Ti 不锈钢板焊接成形。为防止装料筐进出炉膛时以及炉盖的启闭时碰撞炉口砌体，特地炉口设置了一个 1Cr18Ni9Ti 不锈钢制作的防护圈,延长炉口砌体的使用寿命。吊架是供起吊被加热元件之用,亦用钢材焊接成形。

2. 井式电阻炉的型号

以 RJ2 - 55 - 6 为例,井式电阻炉的型号含义:R—电阻代号,表示电阻炉;J—井式炉;2—三相电;55—功率为 55kW;6—最高工作温度为 650℃。低温井式电阻炉型号及技术规格如表 3 - 2 所列。

表 3 - 2　低温井式电阻炉型号及技术规格

型号	功率/kW	电压/V	相数	最高工作温度/℃	炉膛尺寸（直径×高）/mm×mm	炉温 850℃的指标	
						空炉升温时间/h	最大装载量/kg
RJ2 - 25 - 6	25	380	1	650	Ø400×500	≤1	150
RJ2 - 35 - 6	35	380	3	650	Ø500×650	≤1	250
RJ2 - 55 - 6	55	380	3	650	Ø700×900	≤1.2	750
RJ2 - 75 - 6	75	380	3	650	Ø950×1200	≤1.5	1000

3.1.4　冷却设备

热处理冷却设备包括淬火设备、缓冷设备和冷处理设备。淬火冷却是将加热后的工件以一定的冷却速度进行冷却,从而获得所要求的组织和性能的过程。在此过程中进行了复杂的热交换,其热交换过程受到淬火介质的成分、浓度、温度、流量、压力、运动状态及工件形状等因素的影响,实现对这些参数的控制是靠具有结构合理和性能优良的淬火设备来保证。

淬火设备必须具备的基本要求是:能容纳足够的淬火介质,满足工件冷却的需要;能控制淬火介质的温度、流量和压力等参数,以充分发挥淬火介质的冷却能力;具有搅拌装置,强制介质流动,加快热交换过程;设置有使淬火件能够完成淬火工艺过程的机械装置;并实现操作机械化;工件淬火的过程尽量实现计算机控制,提高其控制的准确性;设有安全防火装置和通风排烟装置等辅助设施。

淬火设备按冷却工艺方法分为浸液式淬火设备、喷射式淬火设备、淬火机床和淬火压床;按介质类型分为水淬火介质冷却设备(即水槽)、盐水淬火槽、碱性溶液淬火槽、油槽聚合物溶液淬火槽、浴态淬火槽等。不同淬火设备的基本结构是有差别的。

淬火槽是装淬火介质的容器,为工件淬火提供足够冷却能力的设备。结构一般比较简单,主要为箱式或圆形槽体。淬火槽的冷却介质通常采用油、水或盐的水溶液,主要用于热处理工件加热后的淬火等冷却。在进行油中淬火操作时,应采取冷却措施,将淬火油槽的温度控制在 80℃ 以下,大型油槽应设置事故回油池,为保持油的清洁和防火,油槽应装置槽盖。

淬火槽结构比较简单,主要由槽体、介质输入或排出管、溢流槽等组成,有的附加有加热器、冷却器、搅拌器和排烟防火装置等。

淬火槽体通常是上面开口的容器形槽体,其横截面形状一般为长方形、正方形和圆形,而以长方形应用较广。配合井式淬火炉的淬火槽一般为圆形。

3.1.5　电阻炉的维护与保养

热处理炉操作不当,各种安全事故极易发生如触电、烫伤、烧伤等。所以必须严格遵守各种安全规程来操作和使用热处理炉,以防止人身和设备事故的发生。

(1)电阻炉的安全操作。

电阻炉在使用前应确认电源接头接触良好。电源线绝缘符合要求。电阻炉炉门或炉盖旁装设的线位开关,应保证反应灵活,炉门或炉盖一开启,主回路立即断电。通水冷却的电阻炉应安装水温、水压和流量继电器,出现不正常情况及切断主回路电源并发出报警信号。炉体的接地螺栓要牢固可靠。炉壳外面裸露电热体要有安全可靠的防护罩。

(2)电阻炉的维护。

电阻炉操作人员应先熟悉设备总图,电气控制原理图及接线图。定期检查炉体接地螺栓是否松动,定期检查炉衬有开裂和塌陷,发现问题要及时维修。经常运动部件的注油孔要定期加润滑油,经常检查人工装料是否碰坏侧面或周围搁砖,发现损坏及时更换,防止电阻丝短路。定期校对控制仪表及热电偶。定期清除电控、温度柜内的积落灰尘,以保持清洁。箱式电阻炉等要定期清除炉底及电热元件周围的氧化皮和脏物。硅碳棒电阻炉发现有断棒,要及时更换,一般情况下应整箱更换,各箱电阻值应匹配,如发现硅碳棒电阻增大,应及早改变接法或调整电压。工作完毕应整理工作场地,保持场地整洁。新安装的电阻炉或重新砌过的电阻炉都必须按烘炉工艺烘炉后方可使用。

3.1.6　热处理的工装夹具

工装夹具在热处理生产中的作用:①保证热处理质量,好的工装可使工件加热均匀、冷却均匀,利用工装是减少和控制零件热处理变形的有效方法之一,在气体炉内可使炉气气氛对流顺畅,局部热处理的零件能保证热处理位置的正确,在化学热处理中,可保证渗层均匀或起防渗作用,可保护零件免受磕碰等损伤。②提高劳动生产率,减轻工人劳动强度。利用工装,可合理装炉,最大限度地利用设备,节约装、出炉和装卸零件等辅助时间,工装也是机械化、自动化生产的重要辅助手段。③保证安全生产,提高经济效益。

常用的热处理工装夹具如图3-1所示,轴类零件的吊装方式如图3-2所示。

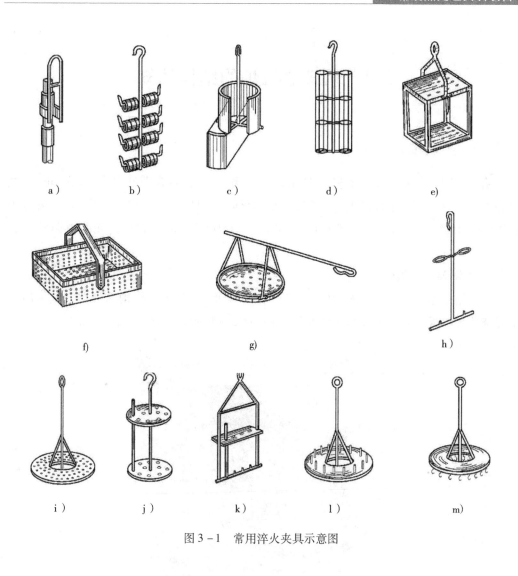

a) b) c) d) e)

f) g) h)

i) j) k) l) m)

图 3 - 1 常用淬火夹具示意图

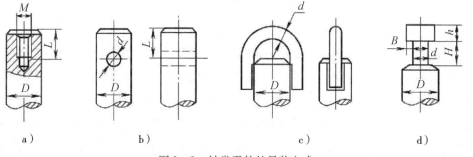

a) b) c) d)

图 3 - 2 轴类零件的吊装方式

3.2　箱式电阻炉的结构认知

3.2.1　实训准备知识

箱式电阻炉可以完成多种热处理工艺。适用于碳钢、合金钢的退火、淬火、正火、回火和固体渗碳,单件、小批量生产,其在热处理车间应用最广泛。按其工作温度,可分为高温(>1000℃)、中温(650~1000℃)和低温(<650℃)。其中以中温箱式电阻炉应用最广。

1. 中温箱式电阻炉

中温箱式电阻炉由炉底板、电热元件、炉衬、配重、炉门升降机构、限位开关、炉门和手摇链轮等组成。其外形及结构图如图3-3、图3-4所示。

图3-3　中温箱式电阻炉

箱式电阻炉的箱体为框架型,角钢或槽钢制作外壳。炉墙用耐火砖(耐火)砌成,外壳与炉墙之间,填充保温材料(珍珠岩保温砖,并填有蛭石粉),还在耐火层和保温层之间,夹有硅酸铝耐火纤维。电阻丝放在耐火砖的槽子里。炉墙和炉底的耐火砖槽子里,支承着电阻丝。炉底板下面,仍然为耐火砖砌成的,砖的槽子里有电阻丝。炉盖亦用耐火砖砌成。炉门用铸铁焊接成空腔型,其中砌有耐火砖。并用带配重的滑轮机构,便于开启和关闭。电阻丝常见的有0Cr25Al5等,绕制成螺旋弹簧状。电热元件的引出端均穿过后墙,集中在后墙的接线盒上。为了防止触电,炉子外壳必须很好地接地。测量炉温的热电偶从炉顶的热偶孔插入炉膛内。

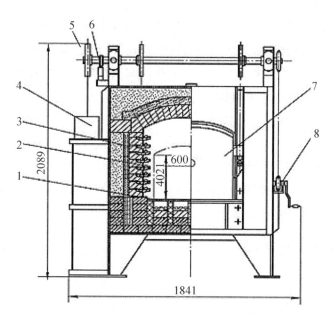

1—炉底板;2—电热元件;3—炉衬;4—配重;5—炉门升降机构;

6—限位开关;7—炉门;8—手摇链轮

图 3-4　中温箱式电阻炉结构

2. 高温箱式电阻炉

高温箱式电阻炉可以完成高速钢刀具、高铬钢模具和高合金钢的淬火加热及一般机器零件的快速加热和高温固体渗碳。我国生产的高温箱式炉,按工作温度分为1200℃、1300℃和1350℃三种。

1200℃和1300℃高温箱式电阻炉电热元件采用高温铁铬铝电热材料,炉底板用碳化硅板制成。炉子其他部分的结构与中温箱式电阻炉相近,因炉温更高,所以要增加炉衬厚度,炉口壁厚也要增加,以减少散热损失。

1350℃高温箱式电阻炉因使用温度更高,金属构件在炉内很容易氧化,所以炉内不设金属构件,砌筑材料的质量要求也比较高,常采用高铝砖或碳化硅制品。其电热元件一般采用硅碳棒,硅碳棒可垂直布置在炉膛的两侧,也可以水平布置在炉顶和炉底。炉底板常用碳化硅板或重质高铝砖制品制成。

因炉温较高,高温电阻炉的炉墙比较厚,通常是三层,耐火层为高铝砖或重质黏土砖,中间层为轻质黏土砖或硅酸铝耐火纤维,外层采用硅藻土或蛭石粉等绝热填料。炉底由炉底板、炉底板支撑砖、重质耐火砖、轻质耐火砖和保温层组成。

3. 低温箱式电阻炉

低温炉多用于淬火钢件的回火加热,也可以用于有色金属的热处理,如铝合金的固溶和时效处理。由于低温炉炉内温度较低,炉内的传热方式主要靠对流进行,为了提高传热效果、缩短加热时间和提高加热均匀性,在加热炉内要安放风扇装置,强迫气体流动,增加对流传热系数,从而增加对流传热量。

　　低温箱式电阻炉的加热方式分为直接加热式和分离加热式,直接加热式热效率高,但工件易受到高温电热元件的直接热辐射而引起局部过热。解决方法是在工件和电热元件之间放隔板。分离加热式是用热风机将热气吹入炉膛中。它在实际应用中使用较少,车间中使用最多的还是井式的低温电阻炉。

3.2.2　实训目的

　　(1)掌握箱式电阻炉的结构。

　　(2)熟悉箱式电阻炉的使用方法。

　　(3)了解箱式电阻炉的注意事项。

3.2.3　实训设备及试样

　　中温箱式电阻炉。

3.2.4　实训内容及步骤

1. 箱式电阻炉的结构

　　中温箱式电阻炉由炉底板、电热元件、炉衬、配重、炉门升降机构、限位开关、炉门和手摇链轮等组成。

2. 箱式电阻炉的使用方法

　　(1)按电源开关,设备通电。

　　(2)设定温度。将开关置于设定端,缓慢调节温度,仪表左下方为设定调节按钮,调至所需温度,然后置于测量端,在控制面板上按合闸按钮,电阻炉开始运行。

　　(3)到温入炉。炉子温度达到设定温度,放入工件,加热保温一定的时间后,取出工件,进行冷却或随炉冷却。

　　(4)关闭电源。

3. 箱式电阻炉的注意事项

　　(1)加热温度不得高于炉子使用的最高工作温度;

　　(2)定期校正炉温;

　　(3)严禁有密封内腔和带有化学药品的零件在炉内加热;

　　(4)炉底板和炉壳必须接地。零件装、出炉时,要关闭电源开关;同时防止碰坏电阻丝、热电偶、耐火砖;

　　(5)炉温在600℃以上时,不得敞开炉门降温;

　　(6)经常清除炉内氧化皮;注意检查炉门的密封性。

4. 实训报告

学　院		班级学号		姓　名	
课程名称		实训日期		评　分	
实训项目		指导教师			
实　训 目　的					
实训设备 及试样					
实训步骤、 方法及数 据记录					
热处理 设备结构 简图					
心得体会					

3.3　高碳钢的热处理

3.3.1　实训准备知识

1. 热处理工艺编制与生产技术管理基本知识

热处理是零件制造过程中的中间工序,它受前后工序的制约,要求操作者必须了解零件热处理前后的加工工序即加工工艺流程。热处理是在高温下进行的,设备复杂,过程控制常常需要各种仪器仪表。因此,要求操作者必须遵守工艺纪律,正确执行工艺规程。影响热处理产品质量的因素多而且复杂,热处理产品质量不仅取决于设备、控制手段,还取决于操作者的责任心和技术水平。因此,不仅能根据零件图的技术要求,合理选用设备、工装夹具和确定有关的热处理工艺参数,并且能正确使用和维护热处理设备及测温控温装置;能合理、准确地选择冷却介质及零件的冷却方式;能通过目测火色判断炉温和正确掌握冷却时间等。热处理使用电、油等,易发生触电、爆炸等事故,所以安全生产极为重要。热处理操作前,必须识读工艺文件,进行核对,即核对零件的形状、尺寸、数量、材料、技术要求是否与工艺卡相符。

工艺过程是指改变加工对像形状、尺寸、位置和性质等,使之成为成品或半成品的过程。钢铁零件从原材料制造成产品,一般要经过锻造或铸造、机加工、热处理等工艺过程。其中热处理工艺过程,是指在零件整个制造工艺过程中,那些用热处理的方法改变其组织、性能的工艺过程。如正火、渗碳、淬火和回火等。

热处理工序是指一个或一组工人,在同一工作场地,对一个或同时对一批工件所连续完成的那部分热处理工艺过程。热处理工序是热处理工艺过程的基本单元,也是制定热处理生产计划和进行成本核算的基本单元。热处理工序分为基本工序和辅助工序。基本工序是为达到热处理目的(获得所需的组织、性能)必不可少的工序,如正火、淬火、回火、渗碳、表面淬火等。辅助工序是辅助基本工序更好地实现热处理目的的工序,如清洗、校直、喷砂、工装夹具及检验等。工序还可以分为工步。工步是指工序中工艺参数不变的部分,如正火工序一般有升温、保温、冷却几个工步组成。

热处理工艺路线是指对热处理工艺过程中各工序所安排的程序,也称热处理工艺流程。如调质工艺流程一般为下料→锻造→预先热处理→粗加工→调质→半精加工→精加工。

热处理技术要求一般是指热处理后应达到的质量指标,如组织、性能、渗层深度、畸变量等,也是热处理质量合格与否的验收标准。

(1)工艺文件。

热处理生产中常用的工艺文件:热处理零件明细表、热处理过程卡、热处理工艺卡片、热处理工艺守则和热处理临时工艺卡等。

热处理零件明细表和热处理过程卡主要用于规定产品的热处理工艺流程;工艺卡片的基本内容则是产品的热处理工艺规程;工艺守则又称操作守则,则是通用性工艺文件,对所有零件都适用,是完成热处理工艺所必须遵循的原则。热处理守则主要包括该工艺的基本工艺参数,可选用的设备、工装,操作要点及安全、卫生注意事项,工艺能达到的质量标准及质量检验方法等方面内容。热处理工艺守则可按同类型零件编制,如弹簧的热处理工艺守则,锻模的热处理工艺守则;也可按工艺方法编制,如退火工艺守则,气体渗碳工艺守则。有时还可根据某工序的特点结合设备的操作编制。临时工艺卡是暂时采用的工艺流程或工艺规程,只对某一批产品有效或对某一产品短期内有效。对特殊要求的产品零件、产品材料代用或新工艺试制等情况,一般都采用临时工艺卡。

(2)热处理工艺规程。

热处理工艺规程是多道热处理工序必须遵守的准则,是根据零件的技术要求制定的作业指导书,一般都是用表格的形式来表述的,其基本形式是热处理工艺卡。

热处理工艺卡是每种零件进行生产的工艺操作程序文件。其基本内容包括零件基本概况(产品型号、零件名称、零件编号、材料牌号、质量大小、外形尺寸)、零件简图(零件主要尺寸、零件装夹示意图、标注质量检验部位)、热处理技术要求(热处理前后的验收质量指标,热处理工艺规程中提出的热处理技术要求)、应用的工艺装备编号及名称、选用设备、装炉方法及装炉量、工艺参数及操作要领、质量检验内容、检验部位、检验方法及抽验率。这些工艺文件都是生产法规,操作者必须严格按规定进行操作,检查人员按规定对产品质量进行检查。

热处理工艺卡编制是一项非常严肃和责任性很高的技术工作。工艺卡应该体现出热处理工艺规程的全部内容,操作者可按照工艺卡进行正确操作;其中栏目应是热处理操作必需的,可有可无的栏目要尽量删去;表格要简单、明确,避免发生误解。工艺卡的形式可根据零件热处理特点等具体情况制定,不拘一格。工艺卡片填好后,经有关领导批准,发至车间或工段作为生产依据,操作人员必须严格执行。

热处理工艺规程编制的依据:①产品零件加工工序对热处理提出的工艺技术要求。②有关的技术标准及规定。与编制热处理工艺有关的国家标准、行业标准及企业自定的标准都是编制热处理工艺的依据。③生产部门所具备的生产条件与零件的批量。车间的热处理设备状况,热处理技术人员、工人素质结构及管理水平等都是热处理工艺编制的依据。

编制热处理工艺规程的原则是可靠性、先进性、经济性和安全性。即根据实际生产条件,尽可能采用热处理先进工艺、先进技术;在保证质量的前提下,坚持低耗、高效的原则合理选用设备;优先选用无公害的热处理方法,保证安全生产降低劳动强度;所确定的工艺路线,应能可靠地保证零件达到多项技术指标。具体来说,科学性,所编制的热处理工艺路线和工艺规程,必须建立在严密的科学分析基础上,所确定的工艺方案和各种工艺参数应该是可靠的,通过实验验证的,能够可靠地保证在实际生产条件下,达到热处理质量要求。先进性,工艺编制时应充分运用热处理新技术、新工艺,更新和改造陈旧设备,确保、提高稳定热处理质量。经济性,在保证热处理质量的前提下,选用成本低、消耗少、生产效率高、生产周期短的工艺方案。要合理利用现有设备,充分挖掘现有设备的潜力。安全性,保证操作者安全和身体健康,尽量降低劳动强度,控制有毒、有害作业,有可靠的劳动保护措施。遵守有关标准,严格控制有毒、有害物质排放,加强通风,保护环境。

工艺的可追溯性,热处理生产的批次、数量、炉次,所采用的工艺参数等技术数据应记录存档,一旦发生质量问题时,可以追溯,以便查找、分析原因,确定责任,采取纠正和预防措施。工艺的标准化,工艺编制时书写格式、所用术语、基础标准的引用、计量单位及检验都应执行有关标准。

（3）热处理工艺编制的步骤和方法。

根据技术要求初步确定热处理方式,在选择热处理工艺方法时,首先要确保能达到零件的技术要求,然后对其先进性、合理性、可行性、经济性、安全环保性及可操作性等进行综合考虑,定出最佳方法。

根据技术要求确定零件的热处理工艺路线,要充分注意工艺流程的合理、经济、高效和简练。

确定热处理辅助工序的项目及要求。

确定热处理检验项目、检验标准、方法、设备、检验工序的位置及次数（中间及最后检验,抽检率等）等。

选择热处理设备,所选热处理设备应确保优质高效、低耗、安全环保地完成热处理生产任务。设备的选择主要与热处理工艺方法、零件的尺寸形状、批量大小及对表面质量和畸变的要求等有关。设备选择时,应注意不同设备间生产能力的配合,如回火时间一般较淬火时间长,为避免造成淬火件堆积,应选择功率较大的回火炉。

工夹具设计,合理选择或设计工装,是保证零件热处理质量,提高生产效率、减轻劳动强度的主要手段。工装设计应做到合理、安全、经济和耐用。

确定热处理各项工艺参数,工艺参数主要依据技术要求及工件等具体情况进行选择。确定热处理工艺参数是工艺编制的核心内容。

确定辅助工序所用的设备、工装。

填写热处理工艺卡片并进行工艺试验,将工艺方案中拟定的工序、工艺参数等按工序顺序填入工艺卡片,使用术语、符号等必须遵循国家或行业有关标准,以免造成误解。

会签和报审批。工艺编织者对所编工艺感到满意并准备充分时,可提出会签。会签是由热处理制定部门与工艺实施部门的代表就工艺卡片中内容及技术问题相互协商并达成协议。如果工艺涉及机加工部门,还需与之协商并达成协议。会签后的热处理工艺卡还必须经有关部门审批后,方可下发到热处理车间正式实施。在工艺实施中如发现问题,应在全面、认真分析的基础上,对原工艺进行修改。

（4）生产技术管理。

生产技术管理工作的内容包括生产作业计划管理、原始记录与作业统计、工艺管理、质量管理、设备管理、安全生产管理和工时定额管理等。

工艺管理主要内容树立职业道德、自觉遵守工艺纪律,严格按工艺规定进行生产操作。工艺规程和工艺守则不容许违犯或随意修改,如发现有问题或有新的建议,必须按规定程序及时提请有关部门进行修订。

原始记录与作业统计是进行事故分析,质量追溯及经济核算的重要依据。原始记录包括设备、工装、零件名称、装炉量、工艺参数、装炉、出炉和工艺参数调整时间、工艺材料消耗、零件质量检验记录等。这些原始记录必须按规定的表格认真填写并保存好。

作业统计内容包括材料消耗、废品、返修品、零件流转等。应按照作业计划完成情况逐日统计与核实。

热处理质量管理主要是指现场的质量管理,即零件在流转过程中的质量控制。其内容包括:①预防质量缺陷,防止质量缺陷的重复出现。②把缺陷消除在生产之前,防止批量报废。③用科学管理方法和技术措施严格控制工艺,使产品质量稳定和提高。④不断发现问题并以科学的管理和技术手段实施改进,使产品合格率不断提高。⑤通过检验、评定、鉴别产品质量等级,为质量改进提供数据和信息。⑥根据企业方针目标管理的需求,开展质量管理小组活动,实现现场质量改进。⑦做好不合格产品的管理,对其进行统计分析,查找原因,制定改进措施,减少和预防不合格品的产生。

2. 碳钢

碳钢是含碳量在 0.0218% ~ 2.11% 的铁碳合金,又称碳素钢。一般还含有少量的硅、锰、硫、磷。一般碳钢中含碳量越高则硬度越大,强度也越高,但塑性越低。

普通碳素结构钢牌号:Q + 数字 + 字母 1 + 字母 2,"Q" 为屈服点的 "屈" 字汉语拼音首写字母,数字表示屈服点数值。字母 1 表示钢的质量等级符号(A、B、C、D),表示钢材质量等级不同,从 A 到 D 含 S、P 的量依次降低,则钢的质量从 A 级 ~ D 级依次提高。字母 2 表示脱氧方法符号(F、b、Z),"F" 表示沸腾钢,"b" 为半镇静钢,不标 "F" 和 "b" 的为镇静钢,TZ 表示特殊镇静钢。如 Q235 – AF,表示屈服强度为 235MPa 的 A 级沸腾钢。

优质碳素结构钢的牌号:用两位数字表示,两位数字表示钢中平均碳含量的万分数。如 20 钢,表示平均碳含量为 ω_c = 0.2%。

碳素工具钢的牌号 T + 数字,数字表示钢的平均含碳量的千分数。如 T12 钢表示 ω_c = 1.2% 的碳素工具钢。

3. 热处理零件的表面清理及防锈

零件表面在热处理前及热处理过程中,往往会存在或产生氧化皮、油渍、盐渣及其他污垢而影响零件的表面质量,因此,必须对零件表面及时进行清理。常用的清理方法有清洗、酸洗、喷砂和抛丸等。为防止热处理经洗涤、喷砂或喷丸处理后的锈蚀,常用的防护方法有:浸防锈液、浸防锈油、防锈脂和发蓝(氧化)处理。

(1)清洗操作要点。

表面黏附残盐和油污件的清洗,首先将零件装入铁丝网眼的吊框,在流水中浸洗后,放入清洗槽中煮沸 20 ~ 40min,取出立即烘干或用压缩空气吹干。

渗碳件的预先清洗,凡热处理工艺文件上规定渗碳前必须清洗的零件,先装入清洗框,用压缩空气吹去铁屑与垃圾,然后在清洗槽中煮沸 3～5min,即转入热水清洗。出水吹干或烘干,防止产生水锈。对油污较厚的零件可重复煮沸和清洗。

工模具的清洗。淬火及回火后的刀具、中碳钢热锻模、高合金工模具的清洗,必须空冷至室温后进行。其中经过较长时间中、高温硝浴回火的工模具,出炉冷至室温后,先在清洗机中冲洗 10～20min,然后在热水中煮沸,待表面残硝溶解干净后出水吹干。

(2)酸洗操作要点。

酸洗的目的主要是清除零件表面的氧化物。生产中常用硫酸水溶液和盐酸水溶液作为酸洗溶液,也可采用硫酸和盐酸混合水溶液。常用的酸洗液如表 3-3 所列。

表 3-3　常用酸洗液

序　号	酸洗液配方/质量分数	工作温度/℃
1	1%～2%的硫酸水溶液	40～60
2	14%～18%的盐酸水溶液	≤30

具体操作如下:

酸洗有油渍的零件,应先进行脱脂处理。

将零件悬挂或吊装在夹具上慢慢地放入酸洗槽中,酸洗时零件应在酸液中上下运动,使氧化皮能均匀地被除掉。酸洗的时间由酸液温度、浓度及氧化皮厚度决定。零件表面酸洗后呈银灰色为准,一般为 20～40min 即可。

零件从酸洗液中取出后,立即在冷水中冲洗。然后放到热碱水溶液中进行中和处理。最后在清水中清洗干净,不得留有残酸。

零件清洗干净后立即在干燥箱内烘干,如果没有烘箱,可将零件在沸腾的清水中煮 2～3min 后取出,用风扇或压缩空气吹干,并可浸热油保护。

(3)喷砂和抛丸操作要点和注意事项。

喷砂机是用压缩空气将石英砂经喷嘴向零件表面喷射,以清除零件表面在加热过程中形成的氧化物和污垢。而抛丸机则是利用高速旋转的叶轮将铁或钢丸到零件表面,对零件进行清理。抛丸与喷砂相比,抛丸的生产效率高,零件表面清理效果好,还可以强化零件表面,提高其抗疲劳性能。

喷砂机分为滚筒喷砂机和手动喷砂机。形状复杂和小型精密件,工具、刃具等高硬度零件,适用于手工喷砂清理。批量大的调质、正火处理零件大多用滚筒喷砂机处理。

喷砂机工作前先启动抽风系统,保证抽风效果。喷砂用压缩空气压力为 0.4～0.6MPa。喷砂用石英砂粒度为 3～4 号,石英砂应保持干燥。滚筒喷砂机与转罐喷砂机装载量以筒罐容积的 1/3～1/5 为宜,喷砂时间,根据装载量和零件氧化程度,操作者通过试喷决定,既要保证喷去氧化皮达到光洁,又要防止喷砂过度造成零件报废。刀具、模具、量具等高硬度零件、细长件、形状复杂易磕毛碰伤件,不允许在滚筒内喷砂,防止零件相互碰伤。细孔、盲孔件,其喷砂件内表面应基本光洁,不得残留石英灰砂。喷砂后的零件,一般需钝化处理以提高防锈能力。钝化零件在钝化液中应翻动几次,以保证零件完全浸湿,出槽后沥干。零件凹槽,盲孔中不得残留钝化液。操作者在使用喷砂机时应熟知喷射系统的结构,能及时排除堵塞故障,并且根据需要自制调换喷枪芯管,每天喷砂后,及时清理除尘器内的积灰。

（4）浸防锈液。

冷浸亚硝酸钠水溶液是指将零件放到20%的亚硝酸钠水溶液中,冷浸15～20s,并将零件上下运动3～4次。处理后的零件防锈有效期约为一周。

热浸亚硝酸钠－碳酸钠水溶液是指将零件在70～80℃的质量分数为10%～15%亚硝酸钠和0.3%～0.5%碳酸钠的水溶液中浸泡2～3min。处理后的零件有效期约为一个月,但梅雨季节为提高防锈效果,可向溶液中添加质量分数为3%～5%的甘油。浸防锈液主要是用于工序间,要求防锈有效时间较短的零件。

（5）浸涂防锈油和防锈脂。

将清洗后的零件及时擦拭干净,然后用防锈油或防锈脂涂覆或浸渍需要防锈的表面,使零件表面形成一层防护膜。涂覆或浸渍后的零件放置在干净、干燥的箱柜中,有时还需要用油纸覆盖或包装,以防灰尘杂物黏附。

（6）发蓝处理又称氧化处理。

将钢铁零件放在很浓的碱和氧化剂溶液中加热、氧化,使其表面生成一层厚约0.5～1.0μm,均匀致密而且与基体金属结合牢固的四氧化三铁薄膜。这层膜能起到储油作用而提高其防锈性能。

发蓝处理可以对钢铁零件表面起防锈作用,增加金属表面的美观及光泽,有助于减少或消除零件中的应力。发蓝处理成本低,效率高,因此,在金属防锈中得到广泛的应用。

发蓝处理基本原理:钢铁零件在很浓的碱和氧化剂液中加热,开始表面先受到微腐蚀作用,析出铁离子与碱和氧化剂起作用,生成亚铁酸钠和硝普钠。然后再由硝普钠与亚铁酸钠进一步起作用生成四氧化三铁。

4. 热处理

金属热处理是机械制造中的重要工艺之一,金属热处理是将金属工件放在一定的介质中加热到适宜的温度,并在此温度中保持一定时间后,又以不同速度冷却从而获得我们所需要的性能的一种工艺。与其他加工工艺相比,热处理一般不改变工件的形状和整体的化学成分,而是通过改变工件内部的显微组织,或改变工件表面的化学成分,赋予或改善工件的使用性能。其特点是改善工件的内在质量及内部的组织结构。

金属热处理工艺大体可分为整体热处理、表面热处理和化学热处理三大类。整体热处理是对工件整体加热,然后以适当的速度冷却,以改变其整体力学性能的金属热处理工艺。钢铁整体热处理大致有退火、正火、淬火和回火四种基本工艺。退火、正火、淬火和回火是整体热处理中的"四把火",其中的淬火与回火关系密切,常常配合使用,缺一不可。

(1)淬火。

钢的淬火是将钢加热到临界温度 Ac_3(亚共析钢)或 Ac_1(过共析钢)以上温度,保温一段时间,使之全部或部分奥氏体化,然后以大于临界冷却速度的冷速快冷到 Ms 以下进行马氏体或贝氏体转变的热处理工艺。淬火的目的是提高钢的刚性、硬度、耐磨性、疲劳强度及韧性等,从而满足各种机械零件和工具的不同使用要求。

淬火加热温度,亚共析钢为 $Ac_3 + (30 \sim 50)$℃、过共析钢为 $Ac_1 + (30 \sim 50)$℃。淬火后得到马氏体基体上分布渗碳体的组织。这一组织状态具有高硬度和高耐磨性。

淬火加热时间包括工件整个截面加热到预定淬火温度,并使之在该温度下完成组织转变、碳化物溶解和奥氏体成分均匀化所需的时间。因此,淬火加热时间包括升温和保温两段时间。确定淬火保温时间应保证零件内外温度均匀一致、奥氏体均匀化和奥氏体晶粒不得长大。

在具体生产条件下,淬火加热时间常用经验公式计算,通过试验最终确定。常用经验公式:

$$t = \alpha KD,$$

式中:t—加热时间,min;

α—加热系数,min/mm;

K—装炉修正系数;

D—零件有效厚度,mm。

α 加热系数表示工件单位厚度需要的加热时间,其大小与工件尺寸、加热介质和钢的化学成分有关,如表 3-5 所列,装炉修正系数 K 值如图 3-5 所示。

表 3-5　加热系数

材料		加热温度及炉子类型			
		<600℃箱式电阻炉预热	750~900℃盐浴炉加热、预热	800~900℃箱式、井式炉加热	1100~1300℃盐浴炉加热
碳钢	直径≤50mm	—	0.3~0.4	1.0~1.2	—
	直径>50mm	—	0.4~0.5	1.2~1.5	—
低合金钢	直径≤50mm	—	0.45~0.5	1.2~1.5	—
	直径>50mm	—	0.5~0.55	1.5~1.8	—
高合金钢		0.35~0.4	0.3~0.35	0.65~0.85	0.17~0.2
高速钢		0.35~0.4	0.3~0.35	0.65~0.85	0.16~0.18

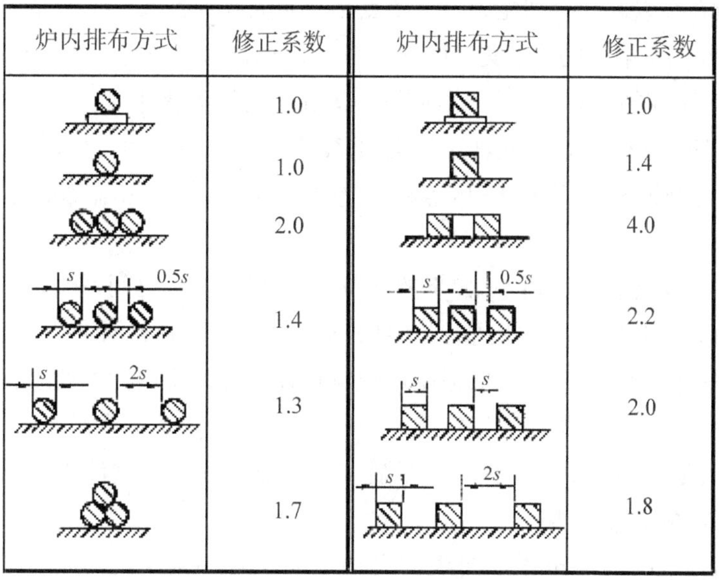

炉内排布方式	修正系数	炉内排布方式	修正系数
(图)	1.0	(图)	1.0
(图)	1.0	(图)	1.4
(图)	2.0	(图)	4.0
(图) 0.5s	1.4	(图) s 0.5s	2.2
(图) s 2s	1.3	(图) s s	2.0
(图)	1.7	(图) s 1 2s	1.8

图 3 - 5　装炉修正系数

　　工件有效厚度 D 的计算,可按以下原则确定:圆柱体取直径,正方形截面取边长,长方形截面取短边长,板件取板厚,套筒类工件取壁厚,圆锥体取离小头 2 / 3 长度处直径,球体取球径的 0.6 倍作为有效厚度 D。

　　生产中常用的升温方式有低温入炉、预热升温、到温入炉和高温入炉四种。四种升温方式中,高温入炉加热速度最快,到温入炉次之,预热升温和低温入炉最慢。一般,对低碳钢、中碳钢和低合金钢,有效厚度 < 200mm 者,采用到温入炉;有效厚度 300 ~ 500mm,可冷态入炉后随炉升温;有效厚度 > 500mm 者,需预热加热并限速升温;形状复杂或高碳钢、高合金钢工件需预热加热或低温入炉。

　　冷却是淬火的关键工序。它直接影响淬火后的钢的性能。淬火的冷却速度要大于临界冷却速度,以获得过冷马氏体组织。同时在冷却过程中还要控制结晶过程中内应力的产生,防止变形和开裂的发生。

　　常用的淬冷介质有盐水、水、矿物油、空气等。碳钢通常用水,而合金钢在油中淬火。

　　水是冷却能力较强的淬火介质。来源广、价格低、成分稳定不易变质。缺点是在 C 曲线的"鼻子"区(500 ~ 600℃左右),水处于蒸汽膜阶段,冷却不够快,会形成"软点";而在马氏体转变温度区(300 ~ 100℃),水处于沸腾阶段,冷却太快,易使马氏体转变速度过快而产生很大的内应力,致使工件变形甚至开裂。当水温升高,水中含有较多气体或水中混入不溶杂质(如油、肥皂等),均会显著降低其冷却能力。因此水适用于截面尺寸不大、形状简单的碳素钢工件的淬火冷却。

　　盐水和碱水即在水中加入适量的食盐和碱,使高温工件浸入该冷却介质后,在蒸汽膜阶段析出盐和碱的晶体并立即爆裂,将蒸汽膜破坏,工件表面的氧化皮也被炸碎,这样可以提高介质在高温区的冷却能力。其缺点是介质的腐蚀性大。一般情况下,盐水的浓度为10%,苛性钠水溶液的浓度为10%~15%。可用作碳钢及低合金结构钢工件的淬火介质,使用温度不应超过60℃,淬火后应及时清洗并进行防锈处理。

油冷却介质一般采用矿物质油。如机油、变压器油和柴油等。机油一般采用10号、20号机油,油的号越大,黏度越大,闪点越高,冷却能力越低,使用温度相应提高。

(2)回火。

回火是工件淬硬后加热到Ac_1以下的某一温度,保温一定时间,然后冷却到室温的热处理工艺。回火一般紧接着淬火进行,其目的是:①消除工件淬火时产生的残留应力,防止变形和开裂;②调整工件的硬度、强度、塑性和韧性,达到使用性能要求;③稳定组织与尺寸,保证精度;④改善和提高加工性能。

因此,回火是工件获得所需性能的最后一道重要工序。通过淬火和回火的相配合,才可以获得所需的力学性能。

按回火温度范围,回火可分为低温回火、中温回火和高温回火。

回火加热温度常用经验公式,计算公式:

$$t = 200 + 11 \times (60 - 要求的\ HRC\ 硬度值)。$$

此公式适用于要求硬度≥30HRC的45钢,如要求硬度<30HRC时,则上述公式中的11改为12,对于其他成分的碳钢,碳的质量分数每增加或减少0.05%,则回火温度增加或减少10~15℃。常用钢回火加热温度与硬度关系如表3-6所列。

回火保温时间常用的经验公式:

$$t_h = K_h + A_h D,$$

式中:t_h——回火时间,min;

K_h——回火时间基数,min;

A_h——回火时间系数,min/mm;

D——工件有效厚度,mm。

K_h和A_h的值可由表3-7查出。

表3-6　常用钢回火加热温度与硬度关系

钢种	钢号	淬火规范			不同温度回火后的硬度/HRC								
		加热温度	冷却介质	硬度/HRC	回火温度/℃								
					180	240	280	320	360	380	420	480	540
碳素钢	35	860	水	>50	51	47	45	43	40	38	35	33	28
	45	830	水	>55	56	53	51	48	45	43	38	34	30
	T8	790	水	>62	62	58	56	54	51	49	45	39	34
	T10	780	水	>62	63	59	57	55	52	50	46	41	36

续表

钢种	钢号	淬火规范			不同温度回火后的硬度/HRC								
		加热温度	冷却介质	硬度/HRC	回火温度/℃								
					180	240	280	320	360	380	420	480	540
合金钢	40Cr	850	油	>55	54	53	52	50	49	47	44	41	36
	65Mn	820	油	—	58	56	54	52	50	47	44	40	34
	GCr15	850	油	>62	61	59	58	56	53	52	50	—	41
	9SiCr	850	油	>62	62	60	58	57	56	55	52	51	45

表 3-7 不同回火温度下的 K_h 和 A_h 值

K_h 和 A_h 值	300℃以下		300~450℃		450℃以上	
	电炉	盐炉	电炉	盐炉	电炉	盐炉
K_h/ min	120	120	20	15	10	3
A_h/(min/mm)	1	0.4	1	0.4	1	0.4

5. 硬度计

硬度是衡量金属材料软硬程度的一种性能指标。它表征材料抵抗局部变形，尤其是塑性变形、压痕或划痕的能力。硬度是各种零件和工具必须具备的性能指标，因此，硬度是金属材料重要的力学性能之一。

洛氏硬度是机械工程应用最广泛的硬度试验法，与布氏硬度不同，它不是测量压痕的直径，而是直接测量压痕的深度，表示材料或机械零件的硬度，压痕愈浅表示材料或工件愈硬。其详细用法在前面知识点已讲过，这里不再赘述。

6. 淬、回火件的质量检验及常见缺陷

(1)淬、回火件的质量检验。

工件经淬火与回火后，主要进行如下检验：外观检验，工件表面不得有裂纹和有害伤痕；表面硬度，硬度必须满足技术要求，硬度误差不超过有关规定；金相组织应达到工件所要求的正常组织。金相组织检验项目主要包括马氏体级别、碳化物与残余奥氏体级别及奥氏体晶粒度等。不同钢种的检验项目不同。工件的畸变应不影响其后的机械加工及使用，具体的畸变量应由冷、热加工工艺人员协商确定。通常薄板类工件主要检验平面度，轴类工件主要检验直线度，孔类工件主要检验圆度。

(2)淬火缺陷。

常见的淬火缺陷有过热过烧、氧化脱碳、硬度不足和软点、变形与开裂等。生产中为避免或减少缺陷的产生，应采取一些预防和补救措施。

①过热与过烧。过热是指加热温度过高或保温时间过长，奥氏体晶粒粗大的现像。

过热使钢淬火后具有粗大的针状马氏体组织,其韧性较低。过烧是指加热温度接近于开始熔化温度,沿奥氏体晶界处产生熔化或晶粒被氧化的现象。

过热和过烧都是由于加热温度过高、保温时间过长而产生的,预防措施如下:(a)正确制定淬火加热温度和时间。(b)经常检查和巡视仪表。(c)经常观察炉膛火色是否与所需加热温度相符。(d)过热零件可通过一次或两次正火或退火来消除,而过烧零件则无法挽救。

②氧化和脱碳。在加热时由于零件表面的铁和碳与周围介质中的氧、二氧化碳、水分、氢等发生化学反应而产生氧化和脱碳。氧化对零件是极为不利的,它不仅使零件表面金属烧损而影响尺寸精度与表面粗糙度,并且降低了钢的强度,同时还增加了清除氧化皮的辅助工序。

脱碳会使零件表面的含碳量降低,淬火后硬度和耐磨性下降,更主要的是降低了疲劳性能。为防止氧化、脱碳,可采取以下措施:(a)采用具有控制气氛的无氧化加热炉加热。(b)零件装箱保护加热。(c)零件表面涂防氧化膏剂保护加热。

③硬度不足和软点。加热温度过低、保温时间过短、淬火剂的冷却能力不够是造成零件在淬火后硬度不足或有软点的主要原因。除此之外,零件表面氧化脱碳、零件浸入淬火剂的方法不正确或在淬火剂中运动不充分、水中混有油等也是造成硬度不足和软点的原因。产生硬度不足和软点的零件应重新加热淬火,在重新加热淬火前要进行退火、正火或高温回火处理。

④变形与开裂。变形和开裂是淬火零件常见的缺陷。产生的原因是由于零件加热淬火时产生的内应力所造成的。淬火时零件的内应力包括热应力和组织应力。

热应力是因为零件在淬火冷却时表里存在温差,由于热胀冷缩不一致而造成的应力。热应力产生于零件冷却的全过程。开始时(温度较高时)热应力使表面材料受拉,心部受压;而最后残留的热应力则使零件表面受压,心部受拉。

组织应力是由于零件在淬火时表里组织转变不一致所引起的应力。马氏体的比容比奥氏体大得多,在奥氏体向马氏体转变时,必然伴随着零件体积的膨胀。组织应力的形态恰好与热应力相反,马氏体开始转变时,零件表面受压而心部受拉;马氏体转变后期,则表面受拉而心部受压。同时,这种表面的拉应力又是产生在塑性较低的低温阶段,因此是引起零件产生开裂的主要原因。

淬火变形的预防措施:(a)根据零件材料、形状、尺寸及热处理要求,选用适当的冷却介质和冷却方法。在保证性能要求的前提下,尽可能地采用缓和的淬火介质(如预冷、分级、等温淬火等)。(b)采用正确的淬火操作方式,零件浸入淬火冷却介质的方法是淬火冷却工艺中极为重要的一个环节。如方法不当,就会使零件冷却不均匀,造成较大的内应力而引起严重变形。正确的淬火方式基本原则有三条:一是保证零件以最小的阻力方向淬入介质;二是保证零件淬入冷却介质时能得到均匀的冷却;三是要考虑到零件的重心稳定。

零件淬火裂纹多数是在淬火冷却的后期产生的。在钢的 Ms 点到室温范围内,由于冷却不当,零件表面所产生的拉应力超过了钢的抗拉强度而引起的。淬火时在 Ms 点以下冷却速度过快是造成淬火裂纹的主要原因。零件设计不合理、选用材料不当都可能促使裂纹形成。

常见的淬火裂纹及预防措施如下:(a)纵向裂纹又称轴向裂纹,多数产生于全部淬透的零件上,裂纹平直且较深,产生原因是后期冷却过快,组织应力过大。预防措施是在 Ms 点以下缓冷,可采用水淬油冷等方法。(b)横向裂纹大多数出现在未淬透的截面较大的高、中碳钢圆柱形零件上,以及零件的尖角、凹槽或销孔处。横向裂纹一般呈弧形状,裂纹较深,分布于零件端部,有时会导致断裂。提高淬火温度,增加淬火硬度的深度,即能避免这种裂纹的产生。(c)网状裂纹较浅,呈任意方向,互相联结成网状的表面裂纹。这种裂纹是由于多次加热导致零件表面脱碳引起的,常在返零件上产生。(d)淬火过热裂纹是由于淬火加热温度过高引起的,只要严格控制好加热温度,不使零件过热,就可以避免。(e)应力集中裂纹常发生在零件的应力集中部位,如尖角、凹角、切口、过深的凹槽、切削刀痕、尺寸悬殊的截面交界处等。可采用填石棉绳,尖角、凹槽先预冷(用刷子沾些冷却介质先在易裂、应力集中处预冷)等方法,以减小淬火应力,并及时回火来预防这种裂纹的产生。更有效的方法是改进零件的结构形状,或改用淬透性好的材料,以便能用更缓和的淬火介质冷却。

(3)回火常见缺陷。

常见的回火缺陷有硬度过高和过低、硬度不均匀、回火产生变形和脆性等。

硬度不合格,回火后硬度过高主要由于回火温度过低、回火时间太短;硬度过低则相反。

硬度不均匀是因为炉温不均匀、装炉量过大、工件摆放不当等造成,硬度过低,需重新淬火和回火;硬度过高,按回火规范重新回火。

回火后工件发生变形,回火变形主要由于回火前工件内应力不平衡,回火时应力松弛,应力重新分布所致。要消除或避免回火后变形,可采用回火校直法、压具回火。

回火件韧性过低,在第一类回火脆性区回火的工件或具有第二类回火脆性区的工件回火后没有进行快冷,都会使工件回火后韧性明显降低。对于第一类回火脆性的工件,只有重新加热淬火,另选回火温度;而第二类回火脆性的工件,可以进行重新加热回火,然后快冷的方法消除。

3.3.2 实训目的

(1)了解碳钢的基本热处理工艺方法。

(2)研究冷却条件与钢性能的关系。

（3）分析淬火温度和回火温度对钢性能的影响。

3.3.3　实训设备及试样

（1）实训设备：箱式电阻炉和洛氏硬度计。

（2）工件：棒料（T10钢）。

3.3.4　实训内容及步骤

1. 热处理前准备

（1）熟读零件图样和工艺文件。

在热处理生产之前，根据下达的生产计划，首先应熟读零件图样和工艺文件，了解零件的材料、结构、热处理工艺特点、加热方式和所用设备等，这是热处理操作的基础。

（2）检查、核对、分选。

检查热处理零件的表面质量，不允许有碰毛和锈蚀。按图核对零件名称、件号、数量、外形尺寸、技术要求等。分选出同材料、同工艺的零件，可进行同炉加热淬火。

（3）辅助工序。

辅助工序包括对零件的清理、保护、装夹、矫正及预防性质量检查等。辅助工序对保证工艺质量很重要，应按工艺规程中的规定，做好辅助工序的安排。

2. 热处理设备的准备工作

（1）淬火加热设备。

热处理常用的淬火设备有电阻炉、浴炉及加热装置。不同的加热设备其准备的操作程序是不同的。这里只介绍箱式电阻炉。

启动前，电阻炉在使用前需检查电源接头和电源线是否良好、启闭炉门自动断电装置是否良好。设备各部分安全后方可启动。将控温仪表调整到工艺规定的温度。关闭炉门，接通电源，空炉升温。空炉升温至规定温度后，保温0.5h，按工艺规定温度校正炉温。如果是新炉子或重新砌筑炉衬的热处理炉以及闲置半年以上的热处理炉，使用前必须要烘炉工艺烘炉。炉内要经常保持清洁，应将炉内氧化皮扫出，并定期检查和清除落在炉底电阻丝旁的氧化皮。严禁把湿工件装入炉内加热，以免击碎炉墙的耐火砖。

（2）淬火设备。

淬火设备主要是淬火槽。淬火槽大多由钢板焊接而成，配有进液口管、溢流槽管，介质搅拌装置、加热、冷却和循环装置。热处理前应做好以下准备工作：检查淬火槽壁、排液或循环进液管路是否泄漏，如有泄漏应进行补修或更换。槽液搅拌装置的动作是否正常，如果压缩空气搅拌系统受阻将会造成翻动不良，应检查气源压力，检修管路和阀门。清除淬火槽液内的零件或杂物。油老化变稠应更换。盐水、碱水或配制的混合型淬火剂，应定期检查并调整各组分之间的配比以符合工艺技术要求。

3. 钢的淬火热处理

(1)淬火温度的确定。

T10 钢为过共析钢,过共析钢的淬火温度为 $Ac_1 + (30 \sim 50)$℃。

(2)淬火保温时间的确定。

零件随炉子加热达到所需的加热温度以后,还要进行一段时间的保温,以保证整个零件均匀充分地达到所需要的温度。显然保温时间跟工件的大小和形状有关。通过测量工件的尺寸,得出工件的有效厚度,然后利用经验公式 $t = \alpha KD$,计算工件的保温时间。

(3)冷却介质的选择。

为了保证淬火效果,应选择合适的冷却介质和冷却方法。本次实训选择室温下的盐水作为冷却介质。

(4)淬火操作要领。

工件淬入冷却介质时,一般应做到:设法保证工件淬硬、淬深,尽量减小工件畸变、避免开裂,并安全生产。各种工件的正确淬火操作方法如图 3-6 所示。

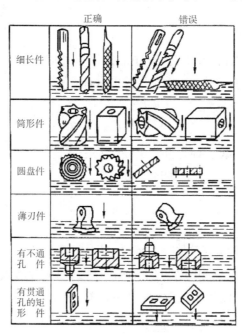

图 3-6 各种工件的正确淬火操作方法

①轴类、细长工件应垂直浸入介质,并上、下运动;

②套筒类工件应沿轴线方向淬入介质;

③盘类工件、薄片件应垂直于液面淬入;大型薄片件应快速垂直淬入;

④两端大小不一的工件,应大端先淬入;

⑤横截面厚薄不一的工件,应先淬入较厚部分,以使冷却均匀;

⑥有盲孔或凹面的工件,应使孔或凹面向上;具有十字形或 H 形的工件,不宜垂直淬入,而应斜着淬入,以利于气泡排出;

⑦长方形带通孔的工件(如冲模)应垂直斜向淬入,以利于孔附近处冷却;

⑧工件淬入介质后,应适当运动,以加速蒸汽膜的破裂,提高工件冷却速度。一般情况下,冷速慢的部分应迎水运动;细长、薄片类工件淬入介质时要快、不要晃动,在介质中应垂直运动而不宜横向摆动,否则易引起变形。截面厚薄差异大的工件,也可对冷却快的部分进行包扎(在加热前用石棉、铁皮等包扎),以使整个截面冷速均匀。

(5)加热。

选用的设备校正无误后,选定淬火温度,将控温仪表的温度调至所需淬火温度,开始加热。

(6)装炉。

电炉达到设定淬火温度后,工件放入炉中即到温入炉。

(7)保温。

电炉达到设定淬火温度后,开始保温计时,保温一定时间。

(8)淬火。

每位学生手持淬火钳,打开炉门,有序地把淬火件取出迅速垂直浸入盐水中上下移动,但不要露出水面,直至冷却取出。

(9)硬度检查。

把淬火的工件放在砂纸上打磨至表层硬化物去除,置于洛氏硬度计上进行硬度检查,洛氏硬度计如图 3 - 7 所示。

2. 回火热处理

(1)回火温度的确定。

图 3 - 7　洛氏硬度计

技术要求为 60 ~ 62HRC,常用经验公式 $t = 200 + 11 \times (60 -$ 要求的 HRC 硬度值)计算,此公式适用于要求硬度≥30HRC 的 45 钢,对于其他成分的碳钢,碳的质量分数每增加或减少 0.05%,则回火温度增加或减少 10 ~ 15℃。

(2)回火保温时间的确定。

通过测量工件的尺寸,得出工件的有效厚度,然后利用回火温度确定 K_h 和 A_h 的值,并利用回火保温时间经验公式 $t_h = K_h + A_h D$,计算工件的回火保温时间。

(3)冷却介质的选择。

为了保证回火效果,应选择合适的冷却介质和冷却方法。本次实训选择空气冷却。

(4)加热。

选定回火温度,将控温仪表的温度调至所需回火温度值,开始加热。

（5）装炉。

电炉达到设定回火温度后,将淬火的工件放入炉中即到温入炉。

（6）保温。

电炉达到设定回火温度后,开始保温计时,保温一定时间,然后出炉空冷。

（7）硬度检查。

将回火的工件放在砂纸上打磨至表层硬化物去除,置于洛氏硬度计上进行硬度检查。

3. 注意事项

（1）实习操作前应了解热处理设备的结构、特点和使用方法,并在老师指导下正确使用热处理设备,不得随意开启炉门和触摸电气设备。

（2）在热处理实习过程中,必须要穿工作服,女同学还要戴工作帽。

（3）在操作中注意掌握工具、仪器仪表的使用方法,防止不正常损坏。

（4）正确执行工艺,防止失控超温。

（5）保温时要注意控温仪表是否正常,发现问题及时报告老师。

（6）淬火操作时,工件进炉、出炉应先切断电源,然后送取工件,以防触电。淬火时工件应快速放入盐水中冷却,若工件进入油槽也要迅速,淬火油槽周围禁止堆放易燃易爆物品。严禁手摸或者随地乱扔工件。

（7）废料应分类存放,统一回收。

4. 实训报告

学　院		班级学号		姓　名	
课程名称		实训日期		评　分	
实训项目		指导教师			
实　训 目　的					
实训设备 及试样					
实训步骤、 方法及数据 记录					

续表

热处理工艺 曲线图	
心得体会	

3.4　中碳钢的热处理

3.4.1　实训准备知识

碳钢是含碳量在 $0.0218\% \sim 2.11\%$ 的铁碳合金。

1. 碳钢

按含碳量碳钢分为低碳钢、中碳钢和高碳钢。

优质碳素结构钢的牌号:两位数字表示,两位数字表示钢中平均碳含量的万分数。如 45 钢,表示平均碳含量为 0.45% 。

中碳钢。35、40、45、50 钢属于调质钢,经淬火和回火处理后具有良好的综合力学性能,即具有较高的强度和较高的塑性、韧性,常用 45 钢主要用于制造轴、齿轮等零件。

2. 热处理

热处理是金属材料重要的加工工艺方法,是充分发挥金属材料性能潜力、提高零件质量和寿命的重要手段。热处理之所以能使金属材料的性能发生显著变化,主要是由于金属材料的内部组织结构发生了一系列的变化。采用不同的热处理工艺过程,将会使金属材料得到不同的组织结构,从而获得所需要的性能。加热温度、保温时间和冷却速度是热处理的三要素,这三个要素对热处理质量起决定因素。

(1)淬火。

淬火是把工件加热奥氏体化后,然后以适当方式冷却(通常是快冷),使奥氏体转变为马氏体或下贝氏体组织的热处理工艺。淬火主要是为提高工件的强度、硬度及耐磨性,是目前工业生产中强化钢铁工件的主要手段。与作为预先热处理的退火、正火相比,淬火和回火作为最终热处理,决定着工件的最终使用性能,其重要性是不言而喻。

淬火加热温度亚共析钢为 $Ac_3 + (30 \sim 50)℃$ 、过共析钢为 $Ac_1 + (30 \sim 50)℃$ 。淬火

后得到马氏体基体上分布渗碳体的组织。

在生产条件下,淬火加热时间常用经验公式计算,通过试验最终确定。常用经验公式 $t = \alpha KD$,式中 α 、 K 、 D 的意义同3.3节所述,按照此式计算保温时间。

淬火冷却介质对热处理产品的质量至关重要。如果选用不当或操作失误,都会造成淬火件废品。因此,用对淬火冷却介质是确保产品质量的基本条件。

(2)回火。

将淬火后的工件重新加热到 A_1 以下某一温度,保持一定时间,然后冷却到室温的热处理工艺,称为回火。钢在淬火后一般都要进行回火处理,回火决定了钢在使用状态的组织和性能,因此回火是很重要的热处理工序。

根据对工件性能要求的不同,生产中按回火温度的高低可将回火分为以下三类:

①低温回火(150~250℃)。低温回火所得组织为回火马氏体,其目的是在保持淬火钢的高硬度和高耐磨性的前提下,降低其淬火内应力和脆性。它主要用于各种高碳钢的切削刃具、量具、冷冲模具、滚动轴承及渗碳件等,回火后硬度一般为58~64 HRC。

②中温回火(350~500℃)。中温回火所得组织为回火托氏体,其目的是获得高的屈服强度、弹性极限和较高的韧性。它主要用于各种弹簧和热作模具的热处理,回火后硬度一般为35~50 HRC。

③高温回火(500~650℃)。高温回火所得组织为回火索氏体,习惯上将淬火加高温回火相结合的热处理称为调质处理,其目的是获得强度、硬度和塑性、韧性都较好的综合力学性能。因此,广泛用于汽车、机床等重要结构零件,如连杆、齿轮及轴类。回火后硬度一般为200~330 HRC。

钢件淬火后进行回火的主要目的之一是降低脆性、提高塑性。但在300℃和500℃附近回火时,冲击韧性明显下降。这种工件淬火后,在某些温度区间回火产生韧性下降的现象,称为回火脆性。热处理时,必须设法避免或消除回火脆性。它分为第一类回火脆性(又称低温回火脆性)和第二类回火脆性(又称高温回火脆性)。

低温回火脆性,许多合金钢淬火成马氏体后在250~350℃回火中发生的脆化现象。已经发生的脆化不能用重新加热的方法消除,因此又称为不可逆回火脆性。引起低温回火脆性的原因已作了大量研究。普遍认为,淬火钢在250~350℃范围内回火时,渗碳体在原奥氏体晶界或在马氏体界面上析出,形成薄壳,是导致低温回火脆性的主要原因。

高温回火脆性,许多合金钢淬火后在500~550℃之间回火,或在600℃以上温度回火后以缓慢的冷却速度通过500~550℃区间时发生的脆化现象。如果重新加热到600℃以上温度后快速冷却,可以恢复韧性,因此又称为可逆回火脆性。已经证明,钢中P、Sn、Sb、As等杂质元素在500~550℃温度向原奥氏体晶界偏聚,导致高温回火脆性;Ni、Mn等元素可以和P、Sb等杂质元素发生晶界协同偏聚,Cr元素则又促进这种协同偏聚,所以这些元素都加剧钢的高温回火脆性。相反,钼与磷交互作用,阻碍磷在晶界的偏聚,可以减轻高温回火脆性。钢在600℃以上温度回火后快速冷却可以抑止磷的偏析,在热处理操作中常用来避免发生高温回火脆性。

3. 硬度计

硬度计是一种硬度测试仪器。金属硬度测量最早由雷奥姆尔提出硬度定义,表示材料抵抗硬物体压入其表面的能力。它是金属材料的重要性能指标之一。一般硬度越高,耐磨性越好。

测定硬度的试验方法很多,主要分为弹性回跳法(肖氏硬度)、压入法(布氏硬度、洛氏硬度、维氏硬度)和刻痕法(莫氏硬度)三大类,而工业生产上应用最广泛的是压入法。因洛氏硬度试验操作简便迅速,效率高,硬度值可从硬度计的表盘上直接读出;工件表面造成的损伤较小,可用于成品零件的硬度检验。所以,目前洛氏硬度是机械工程应用最广泛的硬度试验法。

3.4.2　实训目的

(1)了解碳钢的基本热处理工艺方法。

(2)研究冷却条件与钢性能的关系。

(3)分析淬火温度和回火温度对钢性能的影响。

3.4.3　实训设备及试样

(1)实训设备:箱式电阻炉和洛氏硬度计。

(2)工件:棒料(45钢)。

3.4.4　实训内容及步骤

1. 钢的淬火热处理

(1)淬火温度的确定。

45钢为亚共析钢,亚共析钢的淬火温度为$Ac_3 + (30 \sim 50)$℃。

(2)淬火保温时间的确定。

通过测量工件的尺寸,得出工件的有效厚度,然后利用经验公式$t = \alpha KD$,计算工件的保温时间。

(3)冷却介质的选择。

为了保证淬火效果,应选择合适的冷却介质和冷却方法。本次实训选择室温下的盐水作为冷却介质。

(4)淬火操作要领。

工件淬入冷却介质时,一般应做到:设法保证工件淬硬、淬深,尽量减小工件畸变、避免开裂,并安全生产。

①轴类、细长工件应垂直浸入介质,并上、下运动;

②工件淬入介质后,应适当运动,以加速蒸汽膜的破裂,提高工件冷却速度。一般情况下,冷速慢的部分应迎水运动;细长、薄片类工件淬入介质时要快、不要晃动,在介质中应垂直运动而不宜横向摆动,否则易引起变形。截面厚薄差异大的工件,也可对冷却快的部分进行包扎(在加热前用石棉、铁皮等包扎),以使整个截面冷速均匀。

(5)加热。

检查选用设备是否完好,本次实训选用 RX3 – 45 – 9 箱式电阻炉,选定淬火加热温度后,将控温仪表的温度调至所需淬火温度值,开始加热。

(6)装炉。

电炉达到设定淬火温度后,工件放入炉中。

(7)保温。

电炉达到设定淬火温度后,开始保温计时,保温一定时间。

(8)淬火。

每位学生手持淬火钳,打开炉门,有序地把淬火件取出迅速浸入盐水中上下移动,但不要露出水面,直至冷却取出。

(9)硬度检查。

将淬火的工件放在砂纸上打磨至表层硬化物去除,置于洛氏硬度计上进行硬度检查。

2. 回火热处理

(1)回火温度的确定。

技术要求为 28 ~ 30HRC,常用经验公式 $t = 200 + 11 \times (60 - 要求的 HRC 硬度值)$ 计算,此公式适用于要求硬度≥30HRC 的 45 钢,若硬度 <30HRC 的 45 钢,11 改为 12。

(2)回火保温时间的确定。

通过测量工件的尺寸,得出工件的有效厚度,然后利用回火温度确定 K_h 和 A_h 的值,并利用回火保温时间经验公式 $t_h = K_h + A_h D$,计算工件的回火保温时间。

(3)冷却介质的选择。

为了保证回火效果,应选择合适的冷却介质和冷却方法。本次实训选择空气冷却。

(4)加热。

选定回火加热温度后,将控温仪表的温度调至所需的回火温度值,开始加热。

(5)装炉。

电炉达到设定回火温度后,将淬火的工件放入炉中。

(6)保温。

电炉达到设定回火温度后,开始保温计时,保温一定时间,然后出炉空冷。

(7)硬度检查。

将回火的工件放在砂纸上打磨至表层硬化物去除,置于洛氏硬度计上进行硬度检查。

3. 注意事项

(1)实习操作前应了解热处理设备的结构、特点和使用方法,并在老师指导下正确使用热处理设备,不得随意开启炉门和触摸电气设备。

(2)热处理操作时,工件进炉、出炉应先切断电源,然后送取工件,以防触电。

(3)淬火操作时,工件出炉应快速放入盐水中冷却。若工件进入油槽要迅速,淬火油槽周围禁止堆放易燃易爆物品。

(4)废料应分类存放,统一回收。

4. 实训报告

学　　院		班级学号		姓　名	
课程名称		实训日期		评　分	
实训项目		指导教师			
实　训 目　的					
实训设备 及试样					
实训步骤、 方法及数据 记录					
热处理工艺 曲线图					
心得体会					

4　表面热处理实训项目

知识目标

1. 掌握表面热处理的基本知识。

2. 了解常见热处理缺陷产生的原因及避免方法。

能力目标

具有制定出合理热处理工艺的能力。

素质目标

1. 培养学生积极向上、团队合作和崇尚劳动的职业素养。

2. 培养学生爱岗敬业,乐于奉献的精神。

4.1　低碳钢的渗碳处理

4.1.1　实训准备知识

根据加热和冷却方法不同,常用的热处理大致分类如下:

(1)整体热处理是对工件整体加热,然后以适当的速度冷却,以改变其整体力学性能的金属热处理工艺。钢铁整体热处理大致有退火、正火、淬火和回火四种基本工艺。

(2)表面热处理是只加热工件表层,以改变其表层力学性能的金属热处理工艺。为了只加热工件表层而不使过多的热量传入工件内部,使用的热源须具有高的能量密度,即在单位面积的工件上给予较大的热能,使工件表层或局部能短时或瞬时达到高温。

表面热处理的主要方法有火焰淬火和感应加热淬火,常用的热源有氧乙炔火焰、感应电流、激光等。

(3)化学热处理是通过改变工件表层化学成分、组织和性能的金属热处理工艺。化学热处理与表面热处理不同之处是前者改变了工件表层的化学成分。化学热处理是将工件放在含碳、氮或其他合金元素的介质(气体、液体和固体)中加热,保温较长时间,从而使工件表层渗入碳、氮、硼和铬等元素。

化学热处理的主要方法有渗碳、渗氮、渗金属。如果同时渗入两种以上的元素,则称之为共渗,如碳氮共渗、铬铝硅共渗等。根据渗入元素对钢表面性能的作用,可分为提高渗层硬度及耐磨性的化学热处理(渗碳、渗氮、渗硼、渗钒和渗铬);改善零件间抗咬合性及提高抗擦伤性的化学热处理(渗硫、渗氮);使零件表面具有抗氧化性、耐高温性能的化学热处理(渗硅、渗铬、渗铝)等。

化学热处理的主要目的:除提高钢件表面硬度、耐磨性以及疲劳极限外,也用于提高零件的抗腐蚀性、抗氧化性,以代替昂贵的合金钢。

渗碳是指使碳原子渗入到钢表面层的过程,也是使低碳钢的工件具有高碳钢的表面层,再经过热处理,使工件的表面层具有高硬度和耐磨性,而工件的中心部分仍然保持着低碳钢的韧性和塑性。

渗碳工艺在中国可以上溯到汉朝以前,最早是用固体渗碳介质渗碳,液体和气体渗碳是在20世纪出现并得到广泛应用的。美国在20年代开始采用转筒炉进行气体渗碳。30年代,连续式气体渗碳炉开始在工业上应用。60年代高温(960~1100℃)气体渗碳得到发展。至70年代,出现了真空渗碳和离子渗碳。

1. 化学热处理的一般过程

化学热处理是由三个基本过程组成:

(1)介质(渗剂)的分解。即介质中的化合物分子发生分解释放出活性原子的过程。

(2)工件表面的吸收。即活性原子向钢的固溶体中溶解或与钢中的某些元素形成化合物的过程。

(3)原子向钢内的扩散。工件表面吸收的渗入元素原子的浓度高,使该元素原子由表向里迁移。表面和内部浓度差越大,温度越高,则原子的扩散越快,渗层的厚度也越大。

2. 渗碳概念

渗碳是对金属表面处理的一种,采用渗碳的多为低碳钢或低合金钢,具体方法是将工件放入渗碳介质中,加热到900~950℃的单相奥氏体区,保温足够时间后,使渗碳介质分解出的活性炭原子渗入钢件表层,从而获得表层高碳,心部仍保持原有成分的一种热处理工艺。

渗碳工艺广泛用于飞机、汽车等的机械零件,如齿轮、轴和凸轮轴等。

3. 渗碳的分类

按含碳介质的不同,渗碳可分为气体渗碳、固体渗碳、液体渗碳和碳氮共渗(氰化)。

(1)气体渗碳是将工件装入密闭的渗碳炉内,通入气体渗剂(甲烷、乙烷等)或液体渗剂(煤油或苯、酒精、丙酮等),在高温下分解出活性炭原子,渗入工件表面,以获得高碳表面层的一种渗碳操作工艺。

(2)固体渗碳是将工件和固体渗碳剂(木炭加催渗剂组成)一起装在密闭的渗碳箱中,将渗碳箱放入加热炉中加热到渗碳温度,并保温一定时间,使活性炭原子渗入工件表面的一种最早的渗碳方法。

（3）液体渗碳是利用液体介质进行渗碳,常用的液体渗碳介质有:碳化硅,"603"渗碳剂等。

4. 渗碳件的主要技术要求

对渗碳件的主要技术要求是渗碳层的碳含量和渗碳层深度。

渗碳层的碳含量是指渗碳层表面碳的质量分数,一般控制在 0.7% ~ 1.05% 较适宜。若渗碳层的碳含量小于 0.7% ,则渗碳件的硬度和耐磨性低;当渗碳层的碳含量大于 1.05% 时,渗碳层中易出现网状碳化物,导致渗层疲劳强度下降。

渗碳层深度:碳钢,以从表面到过渡区亚共析组织一半处的深度作为渗碳层的深度;合金钢,则把从表面到过渡区亚共析组织终止处的深度作为渗碳深度。

5. 碳势

炉气的碳势是表征炉内含碳气氛在一定温度下改变工件表面含碳量能力的参数。通常用低碳钢箔片在含碳气氛中的平衡含碳量来表示。将一片极薄的 08 钢钢箔(0.1mm)称重后置于充有渗碳气氛的渗碳炉内,在渗碳温度下保温下 30 ~ 45min,使钢箔均匀渗透且无炭黑形成,然后取出并速冷至室温,测得的钢箔含碳量就表示该温度下炉内渗碳气氛的碳势。碳势越高,则该气氛能提供的活性碳原子越多,即渗碳能力越强,反之亦然。对于合金钢,由于合金元素改变了原子间相互作用力,渗碳后,工件表面的碳含量可能与气氛碳势有所不同,但偏差通常不会太大。

采用称重法计算碳势的公式如下:

$$\omega_c = (\omega_2 - \omega_1)/\omega_2 \times 100\% + \omega_{c0},$$

式中: ω_c —钢箔渗碳后的平衡含碳量,即炉气碳势;

ω_{c0} —钢箔原始含碳量;

ω_1 —钢箔渗碳前的质量;

ω_2 —钢箔渗碳后的质量。

注意:钢箔取出时应有保护气氛,以免由于氧化、脱碳等原因影响测量结果。

6. 固体渗碳

将工件埋入填满固体渗碳剂的渗碳箱中,用盖和耐火泥密封后,放入 900 ~ 950℃ 加热炉中保温一定时间后,得到一定厚度的渗碳层的工艺,固体渗碳如图 4 - 1 所示。

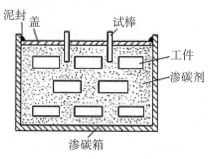

图 4 - 1　固体渗碳示意图

（1）固体渗碳剂。

固体渗碳剂主要由两类物质均匀混合而成，一类是产生活性碳原子的物质，如木炭、焦炭等，生产中主要使用木炭，约占总量的90%。另一类是催渗剂，如碳酸钠等，约占总量的10%。碳酸盐的作用是在高温下与木炭发生反应，促进活性碳原子形成，加快渗碳速度。

为了不使零件表面碳浓度过高，可将新、旧渗碳剂混合使用，一般新渗碳剂为约占总量的30%，旧渗碳剂为约占总量的70%。

（2）固体渗碳原理。

固体渗碳原理与气体渗碳相似，其过程仍由分解、吸收和扩散三个基本过程组成。在渗碳加热时，渗碳箱中的木炭与箱内原有的氧气化合生成CO，生成的CO与工件表面接触时发生分解，产生活性碳原子。反应产生的CO_2气体又与炽热木炭反应，重新形成CO，如此重复，即可不断提供碳原子。但由于渗碳箱内残留的氧气有限，所能获得的CO也有限，故单用木炭渗碳效率很低。加入催渗剂，可增加气氛中CO浓度，提高固体渗碳剂的活性，从而大大加快渗碳速度。其反应式为：$BaCO_3 \rightleftharpoons BaO + CO_2$，生成的$CO_2$与木炭即可提供所需CO。从以上反应过程看出，固体渗碳实际上是靠CO气体产生活性碳原子，其实质与气体渗碳一样。

（3）固体渗碳的特点。

固体渗碳由于渗碳剂导热性差、透热困难，而且渗碳气氛以CO为主，CO的渗碳能力较差，所需保温时间长，一般当渗碳温度为920~940℃时，渗碳速度为0.10~0.15mm/h。劳动效率低，生产条件差，质量不易控制，渗碳后很难进行直接淬火。但由于固体渗碳不需专用设备，设备简单，适应性大，在单件、小批量生产的情况下，具有一定的优越性。

7. 气体渗碳

气体渗碳是把工件置于含碳气体中进行的渗碳，是目前应用最广泛、最成熟的渗碳方法。生产中的气体渗碳可分为两类：一类是将有机液体渗碳剂（也称滴注渗碳剂）如煤油、丙酮、乙醇等直接滴入高温渗碳炉内，裂解出渗碳组分（如CH_4、CO等）进行渗碳；另一类是将预制好的渗碳气体直接通入炉内进行渗碳（如吸热式渗碳气氛、氮基渗碳气氛等）。

气体渗碳的优点是温度及介质成分容易调整，碳含量和渗碳层深度也容易控制，并且容易实现直接淬火。气体渗碳适用于各种批量、各种尺寸的工件，因而在生产中得到广泛应用。

（1）气体渗碳工艺参数。

①渗碳温度。在渗碳的三个基本过程中，分解、吸收相对较容易，而扩散则困难得多，如能使原子扩散系数显著增大，则渗碳速度将大大加快。气体渗碳温度通常为Ac_3+（50~80）℃，即900~950℃。因为此温度下，工件位于奥氏体单相区，奥氏体对碳原子溶解度较大，可使较多的碳原子渗入表层，形成较大的碳含量梯度，加快扩散。

②渗碳时间。渗层厚度与时间的关系可表示为：

$$\delta = K\sqrt{t}\,,$$

式中：δ —渗碳层深度，mm；

t —渗碳时间，h；

K —与温度有关的常数。

③渗剂流量。在渗碳不同阶段，所需渗剂流量不同。这主要是由于在渗碳不同阶段，工件对碳原子的吸收能力不同。在渗碳初期，工件对碳原子的吸收能力较大，此后，零件表面对碳的吸收能力下降。如果这时仍采用初期的流量，则会产生大量炭黑而阻碍渗碳的正常进行，同时也造成浪费，故渗碳剂的流量应随时间延长相应减少。

渗碳剂的流量，一般需考虑以下几方面：装炉量大小，渗碳面积越大，渗剂的流量越大。炉气所要达到的碳势越高，渗碳剂的流量应越大。渗碳罐及工装的状况，初次使用的新炉罐、工装，应进行预渗碳。炉罐的容积增大，渗碳剂的流量要相应增大。若采用产气量大、活性高的渗碳剂，流量较小；反之较大。此外，渗剂的流量还与钢种、渗碳工艺等因素有关。

④炉压。通常炉内应维持正压(98～392Pa)，以防止空气进入炉内，并有利于炉内废气的排除。炉压大小，也影响有机滴液的分解和吸收，增大炉压，有利于反应向气体分子数减少的方向进行。

(2)滴注式渗碳法。

滴注式渗碳是指将液态渗碳剂直接滴入炉内而进行的气体渗碳。早期的滴注式渗碳，渗碳剂滴量保持始终不变，故称为固定碳势渗碳法，又称一段渗碳法。因在渗碳前期、中期和后期所需炉气碳势并不相同，所以滴量始终不变的固定碳势渗碳法渗碳质量不高，是一种粗放、简单的渗碳法。目前，固定碳势渗碳法已基本被两段渗碳法所取代，固定碳势渗碳法现主要用于要求有效硬化层较薄(＜0.6mm)的渗碳。滴注式两段渗碳法常用滴注剂为煤油、甲醇＋丙酮等，所用设备多为井式炉。

①渗碳前的准备工作。

(a)工件准备。看清工艺和工件图样，明确技术要求；检查工件，有油污、水滋时，需进行清洗、干燥；如工件生锈，视情况用砂纸或喷砂去除；有碰伤、裂纹时，予以剔除；非渗碳面需镀铜或涂防渗剂；也可预留加工余量，渗碳后再切削掉；小孔可以堵塞；按材料和渗层要求对工件分类，一般，同一炉的工件，材料、渗层深度应相同；准备与工件材料相同的随炉试样，试样尺寸一般是直径为10mm、长度为20mm的圆柱体。

(b)设备准备(以井式炉为例)。炉盖升降机构、风扇、电气系统、各个仪表工作正常；密封系统良好、炉罐干净无积炭，定期清理炭黑；渗碳剂供给管路、滴油嘴、阀门能正常工作；准备好所用工夹具。

(c)对炉罐、工装预渗碳。对旧炉罐，预渗碳时间一般为0.5～2h，根据停留时间长短和炉罐脱碳程度而定；新炉罐为 10～15h，新挂具为 2～4h。

　　装炉注意事项：通常，材料、技术要求和渗后热处理方式都相同的工件，才可同炉渗碳；工件间应留有 5～10mm 间隙，以保证炉气循环通畅，使渗层均匀。细长件等易变形件要垂直装炉。在有代表性的位置，放置供检查渗层深度和组织的随炉终检试样，原则上每炉 1～2 个，炉罐较深时，在上、中、下各放一个。工件入炉前，炉温应升至 880℃以上，否则，会因升温时间太长，造成工件氧化。入炉量不能超出额定装炉量和炉膛有效尺寸。工件装完后，盖好炉盖，对称地拧紧好螺栓或用砂封严，为了防止炉气爆炸，在 750℃以下，不允许向炉内滴入任何渗碳剂。启动风扇，约 800℃滴入渗剂，打开排气孔，并适时点燃废气。

　　②两段渗碳法工艺过程。

　　两段渗碳法把渗碳工艺过程分为强渗和扩散两段，在强渗阶段采用高碳势，使表面碳含量高于规定的表面碳含量，以形成大的碳含量梯度，从而加快碳的扩散；在扩散阶段则降低碳势，使表面碳含量降到规定值，以形成较平稳的碳含量分布曲线。下面以井式炉为例介绍两段式渗碳工艺过程。

　　（a）排气阶段。由于装炉时带入炉内大量空气，为避免氧化，装炉后应尽快把空气排出炉外。为此，装完炉、拧紧炉盖后，即滴入产气量较大的甲醇或乙醇，启动风扇、打开排气孔排气，并适时将废气点燃。生产上在 900℃以下常用大滴量甲醇或大滴量甲醇 + 小滴量煤油排气，待炉温升到 900℃以上，改用煤油或增大煤油滴量，以提高碳势并加快渗碳速度。

　　排气结束后，从试样孔放入终检试样，并封好试样孔。当炉温升至渗碳温度后，继续排气 30～60min，以使炉内气氛碳势达到要求（CO_2 和 O_2 小于 0.5%），排气结束，然后转入强烈渗碳阶段。

　　（b）强烈渗碳阶段。在不出现炭黑和网状或大块状碳化物前提下，尽量采用大滴量煤油，以造成炉内较高碳势，使工件表面的碳浓度高于所要求的含碳量，从而增大碳含量梯度，提高碳原子的扩散速度。

　　（c）扩散阶段。经强烈渗碳结束后，降低气氛碳势使工件表面碳含量高于技术规定的含碳量，故在扩散阶段要适当减少渗剂滴量，以使工件表面碳含量降低至规定值，并使碳含量梯度趋于平缓，渗层厚度进一步加深。扩散阶段结束时间通常根据试样渗层深度确定。

　　（d）降温和出炉。当渗层深度达到技术要求时，即可结束扩散过程（通常在扩散段结束前约 1h，取出终检试样，确定扩散段结束时间），开始随炉降温。保温温度和时间由工艺试验确定。保温结束后，根据具体钢种，按工艺要求进行直接淬火或其他冷却方式。

　　8. 渗碳件的组织性能、质量检查和常见缺陷

　　（1）渗碳件组织与性能。

　　碳钢渗碳后缓冷由表及里组织依次为：过共析区（P + Fe_3C_{II}）→共析区（P）→亚共析

区$(P+F) \to$心部$(P+F)$。由于实际冷却速度较快,使渗碳层产生伪共析转变,因此共析层的实际含碳量有较宽的范围。合金钢渗碳时,因合金元素的影响,其共析层含碳量偏差更大。正常淬火后,相应组织为 $M_{针} + Fe_3C + Ar \to M_{针} + Ar \to M_{针+条} + Ar(少量) \to$心部组织。渗层中马氏体以细针状为宜,粗大的马氏体针使脆性增大,易在淬火和使用中产生裂纹。

渗碳层具有高硬度和耐磨性,因为渗碳层存在高硬度的马氏体和足够数量的碳化物。由于渗层强度较高,使疲劳裂纹形成与扩展阻力变大,且渗碳层具有较高的残余压应力,可部分抵消承载时的交变拉应力,使工件表层实际所受拉应力减轻,所以疲劳强度高。接触疲劳强度高,适于承受重载荷。表面强度、硬度相同时,渗层越厚,接触疲劳强度和寿命越高。

(2)渗碳件质量检查。

渗碳件的质量检查主要有下列项目:

①外观。主要检查工件表面无氧化、锈蚀、剥落、碰伤、裂纹等。

②硬度。在淬火、回火后检验,表面硬度、心部硬度及非渗碳区硬度应符合技术要求。对渗碳齿轮,规定表面硬度以分度圆处齿面为准,心部硬度的检测部位为齿根圆与轮齿中心线相交处。检率按规定执行。硬度不合格时,应加倍抽检,仍不合格则视情况进行返修或判报废。

③渗碳层深度检测法。断口目测法,将渗碳工件淬火后打断,观察断口形貌。渗碳层呈白瓷状,中心未渗碳部分呈灰色纤维状断口。

④金相测量法。渗碳缓冷后的试样经磨制、腐蚀后,在显微镜下测定。碳钢的渗碳层深度是从表面垂直至 1/2 过渡区,其渗碳层包括过共析层 + 共析层 + 1/2 过渡区,并要求过共析区与共析区之和应占总层深的 75% 以上;合金钢渗层深度是从表面垂直至出现心部原始组织为止,包括过共析层 + 共析层 + 过渡区全部,并要求过共析区与共析区之和应占总层深的 50% 以上。

⑤硬度测量法。具体来说就是测量硬化层深度,其代表的是真正硬化了的层深,具有重要实际意义,比金相法更贴近实际。硬度测量法适合于渗碳件最终质量检验,国际上许多工业先进国家都采用此法。

⑥裂纹。可靠性要求高的齿轮在热处理和磨齿后,100% 检验,一般齿轮进行抽检。检验方法有磁粉探伤、超声波探伤、金相法等。

⑦畸变。按图样技术要求进行检验。

(3)渗碳件常见缺陷及预防措施。

①黑色组织。在含铬、锰及硅等合金元素的渗碳钢经过渗碳淬火后,在渗层表面组织中出现沿晶界呈网状的黑色组织。出现这种黑色组织的原因,可能是由于渗碳介质中的氧向钢的晶界扩散,形成铬、锰和硅等元素的氧化物。也可能是由于氧化使晶界上及

晶界附近的合金元素贫化,淬透性降低,致使淬火后出现非马氏体组织。

②反常组织。在过共析钢退火组织缺陷中已经看到过,其特征是在先共析渗碳体周围出现铁素体层。在渗碳件中,常在含氧量较高的固体渗碳时可以看到。具有反常组织的钢经淬火后容易出现软点。补救方法是适当提高淬火温度或适当延长淬火加热的保温时间,使奥氏体均匀化,并采用较快的淬火冷却速度。

③粗大网状碳化物组织。其形成原因可能是由于渗碳剂活性太大,渗碳阶段温度过高,扩散阶段温度过低及渗碳时间过长引起。预防补救方法是分析其原因,采取相应措施,对已出现粗大网状碳化物的零件可以进行高温淬火或正火。

④渗碳层深度不均匀。其成因有很多,可能由于原材料中带状组织严重,也可能由于渗碳件表面局部结焦或沉积炭黑,炉气循环不均匀,零件表面有氧化膜或不干净,炉温不均匀,零件在炉内放置不当等所造成。需要分析具体原因,采取相应的措施。

⑤表面贫碳或脱碳。其成因是因为扩散期炉内气氛碳势过低,或高温出炉后在空气中缓冷时氧化脱碳。补救方法是在碳势较高的渗碳介质中进行补渗;在脱碳层小于0.02mm情况下可以采用把其磨去或喷丸等办法进行补救。

⑥表面腐蚀和氧化。渗碳剂不纯,含杂质较多,如硫或硫酸盐的含量高,液体渗碳后零件表面沾有残盐,均会引起腐蚀。渗碳后零件出炉温度过高,等温盐浴或淬火加热盐浴脱氧不良,都可引起表面氧化,应仔细控制渗剂盐浴成分,并对零件表面及时清洗。

4.1.2　实训目的

(1)掌握渗碳处理的操作方法。
(2)掌握渗碳锅的密封操作方法。

4.1.3　实训设备及试样

(1)实训设备:箱式电阻炉、渗碳锅和洛氏硬度计。
(2)工件:齿轮(20 钢),如图 4-2 所示。

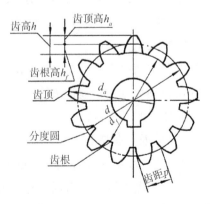

图 4-2　齿轮

4.1.4　实训内容及步骤

（1）渗碳温度的确定。

渗碳温度通常为 $Ac_3 + (50 \sim 80)℃$，20 钢 Ac_3 为 855℃。所以，20 钢的渗碳温度为 905～935℃，本次实训采用渗碳温度为 920℃。

（2）渗碳保温时间的确定。

渗层厚度与时间的关系可用 $\delta = K\sqrt{t}$ 表示，根据热处理技术要求给出的渗碳层厚度，可计算出渗碳保温时间。

（3）渗碳前的准备工作。

将零件表面油污、锈斑等清除干净。

（4）密封操作要领。

①检查渗碳锅是否有裂缝。

②将渗碳剂捣碎捣细。

③将已捣细的渗碳剂放入渗碳锅，随后放入齿轮工件。

注意：零件之间，零件与箱底、箱壁之间应保持一定间距，在空隙处填满渗碳剂，以保持渗碳层均匀。

④装箱完毕后，盖上渗碳锅的盖子，并用耐火泥密封。

（5）加热。

检查选用设备是否完好，本次实训选用 RX3 - 45 - 9 箱式电阻炉，选定渗碳加热温度后，将控温仪表的温度调至 800℃，开始加热。

（6）装炉。

将密封好的渗碳锅放入炉中，电炉达到 800～850℃保温一段时间（2～3h），以使渗碳锅内温度均匀。

（7）保温。

当电炉达到渗碳温度 920℃后，开始保温计时，保温一定时间。

（8）出炉及冷却。

渗碳锅在室内冷却至 300℃后取出零件。

（9）硬度检查。

将淬火的试样放在砂纸上打磨至表层硬化物去除，置于洛氏硬度计上进行硬度检查。

（10）注意事项。

①实习操作前应了解热处理设备的结构、特点和使用方法，并在老师指导下正确使用热处理设备，不得随意开启炉门和触摸电气设备。

②渗碳处理操作时，工件进炉、出炉应先切断电源，然后送取工件，以防触电。

③经渗碳处理出炉的工件和渗碳锅置于远离易燃物的空地上,严禁手摸或者随地乱扔。

④废料应分类存放,统一回收。

(11)实训报告。

学　院		班级学号		姓　名	
课程名称		实训日期		评　分	
实训项目		指导教师			
实　训目　的					
实训设备及试样					
实训步骤、方法及数据记录					
热处理工艺曲线图					
心得体会					

4.2　渗碳后热处理

4.2.1　实训准备知识

渗碳工艺是一个十分古老的工艺。在中国,最早可上溯到汉朝以前,起先是用固体渗碳介质渗碳,在20世纪出现液体和气体渗碳并得到广泛应用。后来又出现了真空渗碳和离子渗碳。渗碳工艺仍然具有非常重要的实用价值,原因就在于它的合理的设计思想,即让钢材表层接受各类负荷(磨损、疲劳、机械负载及化学腐蚀)最多的地方,通过渗入碳等元素达到高的表面硬度、高的耐磨性和疲劳强度及耐蚀性,而不必通过昂贵的合金化或其他复杂工艺手段对整个材料进行处理。这不仅能用低廉的碳钢或合金钢来代替某些较昂贵的高合金钢,而且能够保持心部有低碳钢淬火后的强韧性,使工件能承受冲击载荷。因此,完全符合节能、降耗,可持续发展的方向。

渗碳只改变了工件表层化学成分,要提高渗碳件的表层及心部性能,工件渗碳后必须进行淬火 + 低温回火处理,才能达到表面高硬度,高耐磨性,心部高韧性的要求,发挥渗碳层的作用。根据不同要求可选用的淬火方法主要有以下几种:直接淬火法、一次淬火法、二次淬火法及消除残余奥氏体的淬火等。

1.　直接淬火法

直接淬火法是将工件渗碳后直接淬火冷却的工艺。

在渗碳中,奥氏体晶粒未发生明显长大,则可在渗碳后直接淬火。直接淬火时,通常要将工件随炉预冷至一定温度,然后再淬火冷却。

预冷确定的温度:①如果零件侧重要求表层硬度和耐磨性,而对心部性能要求不高,则预冷温度应主要考虑满足表层性能要求,即预冷温度略高于 Ar_1(但不允许析出网状碳化物);②如果零件对心部性能要求较高,而对表层要求不高,则应主要考虑满足心部性能要求,预冷温度应高于心部的 Ar_3;③实际中这两种极端情况较少,更多的是表层与心部性能都要给予兼顾。这时要对零件的心、表成分、性能要求、淬透性及淬火方法等综合考虑后酌情而定。对于碳钢,预冷温度应在 $Ar_1 \sim Ar_3$ 之间。对于多数合金钢,通常预冷温度在 820 ~ 850℃ 之间。

直接淬火法的优点是生产效率高、节能,变形小,氧化脱碳程度轻,用于渗碳中晶粒未粗化的本质细晶粒钢,如 20CrMnTi、20CrMnMo 等。

2.　一次淬火法

一次淬火法是将工件渗碳后空冷或坑冷至室温,然后重新加热淬火的工艺。淬火温度确定:对侧重要求表层高硬度、高耐磨性的工件,淬火加热温度应略高于表层的 Ac_1;侧重要求心部强度的工件,则淬火温度略高于心部 Ac_3;兼顾心部和表层性能工件,对碳钢,淬火温度应在 $Ac_1 \sim Ac_3$(具体与成分等有关)。一般合金渗碳钢,常采用稍高于 Ac_3 的温度(820 ~ 860℃)加热淬火。

一次淬火法主要用于气体渗碳后晶粒发生粗化的钢(如 15、20 和 20Cr 等),某些不便直接淬火的工件(如固体渗碳件、需用淬火压床淬冷件及渗碳后尚需机加工的工件)。与直接淬火相比,一次淬火工艺较复杂,生产周期较长、费用高,氧化、脱碳及变形倾向较大。

3. 两次淬火法

工件渗碳后出炉空冷,然后加热到 Ac_3 以上某一温度(一般为 850～900℃)油淬,使零件心部组织细化,并进一步消除表层的网状渗碳体,接着再加热到 Ac_1 以上某一温度(一般为 750～800℃)油淬,最后在 180～200℃ 进行回火。由于二次淬火后工件表层和心部组织均被细化,从而获得较好的机械性能。但此法工艺复杂,成本高,而且工件反复经加热冷却易产生变形和开裂。此法只适用于少数对性能要求特别高的工件,在大多数情况下都采用直接淬火或一次淬火。

渗碳工件经淬火 + 低温回火处理后的表层组织为针状回火马氏体 + 二次渗碳体 + 少量的 A′,其硬度为 58～64HRC,而心部组织,则随钢的淬透性而定。对于普通碳钢如 15、20 钢,其心部组织为 F + P,硬度相当于 10～15HRC;对于低碳合金钢如 20CrMnTT,其心部组织为回火马氏体(低碳) + F,硬度为 35～45HRC,具有较高的心部强度和足够高的塑性和韧性。

4. 高温回火后淬火

此热处理工艺主要应用于合金元素含量较高的高淬透性合金渗碳钢。淬火前进行高温回火,使残余奥氏体发生分解,碳化物充分析出和聚集、球化。如 20Cr2Ni4 在 600℃ 回火 2～3h,回火后空冷。高温回火后,在稍高于 Ac_1 温度(780～800℃)加热淬火。

5. 回火

渗碳件淬火后需及时进行回火,其回火一般采用低温回火,回火工艺:回火温度 160～220℃,回火保温时间 2～4h。目的是在保持高硬度、高耐磨性的同时,消除部分内应力,并改善磨削性能,降低对磨削裂纹的敏感性。

4.2.2　实训目的

(1)掌握渗碳后热处理工艺。

(2)掌握渗碳后热处理工艺的操作方法。

4.2.3　实训设备及试样

(1)实训设备:箱式电阻炉和洛氏硬度计。

(2)工件:齿轮(20 钢)。

4.2.4　实训内容及步骤

1. 钢的淬火热处理

(1)淬火温度的确定。

20 钢为亚共析钢,亚共析钢的淬火温度为 $Ac_3 + (30～50)$℃。又 20 钢 Ac_3 为 855℃。所以,20 钢的淬火温度为 885～905℃,本次实训采用淬火温度为 890℃。

（2）淬火保温时间的确定。

通过测量工件的尺寸，得出工件的有效厚度，然后利用经验公式 $t = \alpha KD$，计算工件的保温时间。

（3）冷却介质的选择。

为了保证淬火效果，应选择合适的冷却介质和冷却方法。本次实训选择室温下的盐水作为冷却介质。

（4）淬火操作要领。

工件淬入冷却介质时，一般应做到：设法保证工件淬硬、淬深，尽量减小工件畸变、避免开裂，并安全生产。

①盘类工件、薄片件应垂直于液面淬入；大型薄片件应快速垂直淬入，速度越快，变形越小；

②工件淬入介质后，应适当运动，以加速蒸汽膜的破裂，提高工件冷却速度。

（5）加热。

检查选用设备是否完好，本次实训选用 RX3 - 45 - 9 箱式电阻炉，选定淬火加热温度后，把控温仪表的温度调至所需淬火温度值，开始加热。

（6）装炉。

电炉达到淬火温度后，工件放入炉中。

（7）保温。

电炉达到淬火温度后，开始保温计时，保温一定时间。

（8）淬火。

每位学生手持淬火钳，打开炉门，有序地把淬火件取出迅速浸入盐水中上下移动，但不要露出水面，直至冷却取出。

（9）硬度检查。

将淬火的工件在砂纸上打磨至表层硬化物去除，置于洛氏硬度计上进行硬度检查。

2. 回火热处理

渗碳件淬火后需及时进行回火，其回火一般采用低温回火，回火工艺：回火温度160~220℃，回火保温时间2~4h。

（1）加热。选定回火加热温度后，将控温仪表的温度调至所需回火温度值，开始加热。

（2）装炉。电炉达到回火温度后，将淬火的工件放入炉中。

（3）保温。电炉达到回火温度后，开始保温计时，保温一定时间，然后出炉空冷。

（4）硬度检查。将回火的工件放在砂纸上打磨至表层硬化物去除，置于洛氏硬度计上进行硬度检查。

3. 注意事项

（1）实习操作前应了解热处理设备的结构、特点和使用方法，并在老师指导下正确使用热处理设备,不得随意开启炉门和触摸电气设备。

（2）热处理操作时,工件进炉、出炉应先切断电源,然后送取工件,以防触电。

（3）淬火操作时,工件出炉,应快速放入盐水中冷却;若工件进入油槽也要迅速,淬火油槽周围禁止堆放易燃易爆物品。严禁手摸或者随地乱扔。

（4）废料应分类存放,统一回收。

4. 实训报告

学　　院		班级学号		姓　　名	
课程名称		实训日期		评　　分	
实训项目		指导教师			
实　训 目　的					
实训设备 及试样					
实训步骤、 方法及数据 记录					
热处理工艺 曲线图					
心得体会					

4.3　感应表面淬火

4.3.1　实训准备知识

一些在弯曲、扭转、冲击载荷、摩擦条件下工作的齿轮等机器零件,它们要求具有表面硬、耐磨,而心部韧,能抗冲击的特性,仅从选材方面去考虑是很难达到此要求的。如用高碳钢,虽然硬度高,但心部韧性不足,若用低碳钢,虽然心部韧性好,但表面硬度低,不耐磨。表面淬火是强化金属材料表面的重要手段之一,它是在不改变工件的化学成分和心部组织的情况下,采用快速加热,使表面一定深度范围内奥氏体化,然后进行冷却淬火,以达到强化工件表面的热处理方法。表面淬火一般适用于中碳钢和中碳低合金钢(40Cr、40MnB 等),也可用于高碳工具钢(如 T8 等),低合金工具钢(如 9Mn2V、GCr15 等)及球墨铸铁等。

目前,表面淬火方法主要有感应淬火、火焰淬火、激光淬火、电接触淬火、电子束加热表面淬火以及电解液加热表面淬火等。其中,感应淬火应用最广。

1. 感应加热表面淬火的特点及分类

感应加热表面淬火是利用电磁感应的原理,使零件表面快速加热而实现表面淬火的方法。根据电流频率的不同,感应加热可分为:

(1)高频感应加热(100～1000kHz)。最常用的工作频率为 200～300kHz,淬硬层深度为 0.2～2mm,适用于中小型零件,如小模数齿轮。

(2)中频感应加热(2.5～10kHz)。最常用的工作频率 2500～8000Hz,淬硬层深度为 2～8mm,适用于大中型零件,如直径较大的轴和大中型模数的齿轮。

(3)工频感应加热(50Hz)。淬硬层深度一般在 10～20mm 以上,适用于大型零件,如直径大于 300mm 的轧辊及轴类零件等。

感应淬火和普通淬火相比具有下列优点:感应加热属于内热源直接加热,热损失小,因此加热速度快,热效率高。加热过程中,由于加热时间短,零件表面氧化脱碳少,与其他热处理相比,零件废品率极低。感应加热淬火后零件表面的硬度高,心部保持较好的塑性和韧性,呈现低的缺口敏感性,故冲击韧性、疲劳强度和耐磨性等有很大的提高。感应加热设备紧凑,占地面积小,使用简便。生产过程清洁,无高温,劳动条件好。能进行选择性加热。感应加热表面淬火的机械零件脆性小,同时还能提高零件的力学性能(如屈服点、抗拉强度和疲劳强度),同样经过感应加热表面淬火的钢制零件的淬火硬度也高于普通加热炉的淬火硬度。然而,感应加热表面淬火也有其本身的不足:如设备与淬火工艺匹配比较麻烦,因为电参数常发生变化;需要淬火的零件要有一定的感应器与其相对应;要求使用专业化强的淬火机床;设备维修比较复杂。

2. 感应加热表面淬火常用材料及加工路线

表面淬火零件常用材料为碳含量为 0.4% ~ 0.5% 的中碳钢或中碳合金钢。如果碳含量过高,心部塑性和韧性较低。若碳含量过低,会使表面硬度和耐磨性不足。

感应淬火件的加工路线一般为:下料→锻造→预先热处理→机械粗加工→调质→半精加工→表面淬火→低温回火→磨削加工。表面淬火前的调质,一方面为表面淬火做组织准备即细化组织,以便表层在短时间、快速加热中奥氏体化,另一方面也确定了心部的最终组织。

3. 感应加热基本原理

在一个感应线圈中通以一定频率的交流电(有高频、中频、工频三种),使感应圈周围产生频率相同的交变磁场,置于磁场之中的工件就会产生与感应线圈频率相同,方向相反的感应电流,这个电流叫涡流。由于集肤效应,涡流主要集中在工件的表层。由涡流所产生的电阻热使工件表层被迅速加热到淬火温度,随即向工件喷水,将工件表层淬硬。

4. 感应加热装置基本构件

热处理用的感应加热装置,基本构件是交流电流、感应器、电容器和降压变压器。

(1)交流电源。

按电流频率不同,分为工频、中频、高频和超音频等多种电源。

(2)感应器。

它是一个螺旋形线圈或其他形状的导线,根据被加热零件的形状和淬火部位要求而定制。

(3)电容器。

用于补偿感应器的功率因数。

(4)降压变压器。

表面淬火用感应器通过降压变压器与电源相连。

5. 感应器

感应器是通过感应作用将高、中频电能输送到工件表面上的一种器具,能直接影响到感应加热的质量和效率,因此,感应器的正确设计、制造和选用是获得良好淬火质量的关键因素。感应器的种类很多,按加热方法的不同可分为同时加热感应器和连续加热感应器。按零件加热部位形状的不同,感应器又可分为外表面加热感应器、内表面加热感应器、平面加热感应器和特殊形状加热感应器,而按电源频率的不同,感应器还可分为高频、中频加热感应器两种。

(1)感应器的基本结构。

感应器主要由冷却水管1、连接板2、感应圈4及汇流板5组成,如图4-3所示。感应圈是感应器的主要部分,通过感应圈产生的交变磁场使工件加热。汇流板连接了感应圈和连接板,将电流输入感应圈。连接板用于连接汇流板和淬火变压器的输出端接头。冷却水管内通水用来冷却感应器并提供工件淬火用冷却用水。高频感应器结构示意图如图4-4所示。

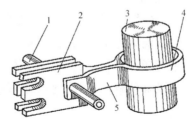

1—冷却水管;2—连接板;3—零件;4—感应圈;5—汇流板

图4-3 感应器结构示意图

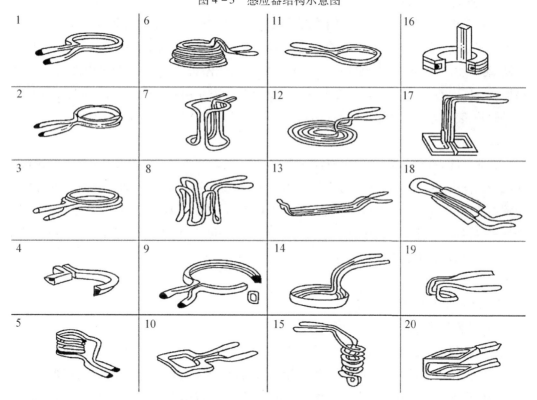

图4-4 高频感应器结构示意图

(2)感应器的基本要求。

感应圈应与工件表面加热区的形状和尺寸相适应,使工件能够迅速获得所需要的加热区和加热层,加热时温度的分布要均匀。感应圈与工件的间隙选择要适当,使感应器既有高的电效率,又不至于引起空气击穿短路而烧坏感应器和工件。感应器的电效率应尽可能高,尽量减少感应器本身的电能损耗。要注意保持感应器两汇流板的间隙不能太大(一般为1.5~3mm)。感应器工作时,由于涡流损失而发热,所以冷却应该良好。一定要使感应器内冷却水畅通,以免感应器温度过高而损坏。感应器应制造简单,具有一定的强度和使用寿命。

（3）感应器使用注意事项。

感应器与零件的间隙选择要适当,要保证感应器有高的效率,同时又不致引起空气击穿短路而烧坏感应器和零件。要使感应器内的冷却水畅通,以避免感应器温度过高而烧坏。要注意保持感应器两汇流板的间隙不能太大(一般不大于3mm)。装有导磁体的感应器,要注意导磁体的冷却,不能激冷激热,以免使导磁体脆断或因温度过高而失去作用。使用感应器应轻拿轻放,不可随意敲打,以防变形而影响使用。用毕应清理,摆放整齐。

6. 感应加热表面淬火后的组织与性能

（1）感应淬火后的组织。

以亚共析钢高频淬火为例说明感应淬火后显微组织:Ⅰ区又称完全淬火区。当加热温度高于Ac_3温度时,淬火后得到全部马氏体。Ⅱ区即过渡层,温度在$Ac_1 \sim Ac_3$间。先共析铁素体没有完全溶解,淬火后除了有马氏体以外,还保留铁素体,其数量由外向里逐渐增加。Ⅲ区即心部组织,加热温度低于Ac_1,该区域不发生组织转变,仍为钢的原始组织。

此外,表面淬火后的组织还与钢的成分、原始组织、加热和冷却规范等有关。

（2）感应淬火后的力学性能。

表面硬度,对同一材料,经感应淬火后,其硬度比普通加热淬火时高2~3HRC。耐磨性比普通淬火高。这与淬硬层马氏体极为细小,硬度较高及表面高的压应力状态有关。中碳钢高频淬火时表面硬度尽管接近于渗碳淬火的下限。但因其碳化物数量较渗碳件少很多,故其耐磨性不如渗碳钢。表面淬火使疲劳强度提高,一方面是由于表层强度较高,另一方面是由于表面形成的很大的残余压应力。残余压应力越大,零件的抗疲劳性能越高。

7. 感应加热表面淬火工艺

（1）表面淬火零件的技术条件。

感应加热表面淬火的技术条件是确定感应热处理工艺、进行质量检查和验收的基本依据。主要技术要求有:表面硬度、硬化层深度、淬硬区分布、畸变和开裂、金相组织等。通常淬硬层深度和淬硬区分布在零件图上标注,其他项目用文字说明。金相组织标出要求的等级,对照标准图片检查和验收。不同零件,对表面硬度和硬化层深度要求不同。

通常,硬化层深度为零件厚度的10%~20%;对耐磨性要求高的零件,一般在1~7mm之间,小件取下限,大件取上限。齿轮模数大小及受力情况差别较大,对硬化层深度要求差异也较大,不便统一要求,可参考式选取(0.2~0.4m(m为模数))。

表4-1列举了常用材料感应淬火后的硬度和硬化层深度。

表 4 - 1　常用材料感应淬火后的硬度和硬化层深度

材料	表面硬度/HRC		最大硬化层深度 / mm	预先热处理
	水淬	油淬		
40	45 ~ 58	40 ~ 50	3.5	正火或调质
45	50 ~ 63	45 ~ 55	4	正火或调质
50	55 ~ 63	50 ~ 60	4.5	正火或调质
40Cr	50 ~ 60	45 ~ 55	6	调质
40MnB	50 ~ 63	45 ~ 55	6	调质

（2）感应加热表面淬火工艺。

设备频率的选择主要根据硬化层深度来选择,频率越高,电流透入深度越浅,反之越深。

在一定频率下,感应圈的效率与零件直径有关,零件直径越大,感应圈的效率越高,因此大直径零件允许采用较低的频率,对小直径零件应采用较高的频率。

比功率是指零件单位面积上供给的电功率(kW/cm^2)。它对工件的加热过程有重要的影响。比功率选择主要取决于频率和所要求的硬化层深度。当频率一定时,比功率越大,加热速度越快;达到一定的加热温度所需加热时间越短、加热层越薄。当比功率一定时,频率越高,电流透入深度越浅。

加热方法的确定,淬火加热有同时加热淬火法和连续加热淬火法。同时加热淬火法,当设备功率足够时,可选用同时加热淬火法。这种方法具有操作简单、控制容易、能实现自回火、高效、节能等优点。连续加热淬火法,当设备功率不足以将工件需淬火表面积同时加热时,即工件的淬火面积大于设备的同时加热淬火的最大面积时,应采用连续加热淬火法。这种方法适用于淬火面积较大而设备功率不能保证同时加热的情况。

感应淬火冷却方式可分为喷射冷却和浸液冷却。连续加热法常用的冷却方式为喷射冷却,而同时加热法采用喷射冷却和浸液冷却法。常用的淬火冷却介质有水、油、聚合物水溶液,乳化液及压缩空气等。

对细、薄工件或复杂的合金钢工件,为减少畸变、开裂可以将感应器与工件同时放入油槽中加热,断电后冷却,这种淬火方法称为埋油淬火法。对碳钢、球铁件,喷射法常用介质是水。对于合金钢及形状复杂或易畸变零件,可采用聚乙烯醇水溶液或乳化剂等进行喷射冷却。喷射冷却法可通过调节水压,水温及喷射时间控制冷速。为了避免变形开裂,可采用预冷后淬火或间断冷却。

冷却时,应注意严格控制冷却介质的温度,不宜过高;喷射冷却时要注意均匀冷却,水压足够并且稳定。在油槽内冷却时应注意工件上下运动或搅拌冷却介质。

（3）感应加热淬火后的回火。

感应加热表面淬火后,一般应在4h内进行回火,合金钢则应在更短时间内回火。感应淬火件一般只进行低温回火,以保证表面较高硬度,同时减小淬火应力和降低脆性。感应淬火件回火时,硬度下降一般较整体淬火快。回火方式有炉中回火、自回火和感应回火。

炉中回火通常在空气炉中进行。主要用于高碳钢的刀具、量具,中碳钢或中碳合金钢的齿轮和花键轴,合金铸铁的凸轮轴等在感应淬火后。回火温度通常为150~180℃,时间1~2h。回火温度对表面淬火和普通淬火件的影响有相同的规律。高于200℃回火,残余应力下降较多,硬度下降较大。表4-2给出了常用钢种感应淬火件炉内回火规范。

表4-2   常用钢种感应淬火件炉内回火规范

钢号	要求硬度 /HRC	淬火后硬度 /HRC	回火规范	
			温度 / ℃	时间 / min
45	40~45	≥50	280~300	45~60
		≥55	300~320	45~60
	45~50	≥50	200~220	45~60
		≥55	200~250	45~60
	50~55	≥55	180~200	60
40Cr	45~50	≥50	240~260	45~60
		≥55	260~280	45~60
20Cr 20CrMnTi 渗碳淬火后	56~62	56~62	180~200	60~120

感应淬火件的自回火是利用感应淬火冷却后的余热而实现的短时间回火。因自回火比炉内回火时间短,若要得到相同的硬度,自回火的温度要比炉内回火高80℃左右。自回火多用于销轴类同时加热淬火的零件。自回火不但节能、简化了热处理工艺,而且对防止高碳钢及某些高合金钢的淬火裂纹也很有效。自回火的主要缺点是温度不好掌控,去应力程度不如炉中回火。自回火主要用于大批量生产。

感应回火是指淬火后用回火感应器进行回火加热。某些连续加热的长轴或大型零件有时采用感应回火较为方便,可紧接着淬火冷却进行。与自回火相似,若要得到相同的硬度,感应回火的温度要比炉中回火高。由于加热时间短,感应回火得到的显微组织有较大的弥散度,回火后的耐磨性比炉中回火高,抗冲击性也较好。

(4)感应加热表面淬火件质量检验及常见缺陷。

①感应加热淬火件的质量检验:外观工件表面不得有淬火裂纹(可通过磁粉探伤或其他无损检测方法检查)、锈蚀和影响使用性能的伤痕。表面硬度达到技术要求。有效

硬化层深度及波动范围符合相关规定,在回火后检验。金相组织符合有关规定。金相检验项目主要有马氏体大小及未溶铁素体和网状托氏体含量。检验在淬火并低温回火后进行。感应加热表面淬火件畸变量较普通淬火小,其不应影响后续机加工和使用。

②常见缺陷及其控制:(a)硬度不足,产生硬度不足的原因有:比功率低、加热时间短、感应器与工件间隙过大。加热后至淬冷前的停留时间太长、喷液时间短、喷液供应量不足或压力低、淬火介质冷速慢,使组织中出现托氏体等非马氏体组织。(b)软点,是因喷水孔堵塞或喷水孔太稀,使局部冷速偏低所致。(c)软带,多出现在轴类零件连续淬火时,表面出现黑白相间的螺旋带或沿工件运动方向的某一区域出现直线黑带。黑色区域存在未溶铁素体,托氏体等非马氏体组织。产生的原因是喷水角度小,加热区返水;工件旋转速度与移动速度不协调,工件旋转一周感应器相对移动速度太大;喷水孔角度不一致,工件在感应器内偏心旋转。(d)淬火裂纹,产生的原因主要是加热时过热、冷却过于激烈、工件含碳量过高、工件表面沟槽、油孔、未及时回火等。(e)硬化区分布不合理。(f)硬化层过厚,对小模数齿轮,若淬硬层过厚,则使用中易断齿。对此,可采用低淬透性钢或选用较高频率的设备、提高比功率、缩小间隙、减少加热时间,都有助于减少硬化层厚度。(g)表面灼伤,一般是工件与感应器短路所致。(h)畸变,提高比功率,缩短加热时间,采用透入式加热,可减少热量向心部传递,从而减小畸变。轴类工件采用旋转加热,可减少弯曲畸变。

8. 高频炉使用方法

(1)检查各部分安装工作是否全部完成。

(2)合上电源闸刀,测量电源是否正常。

(3)打开冷却开关,等待出水口有出水流出,确保各路循环水都畅通,如缺水报警,请加大水压或调整压力控制器。注意确保该机器的压力参数。

(4)调整感应圈放入工件,再调整好感应圈与工件之间的位置,然后检查感应圈的圈与圈之间是否直接短路或通过工件短路。

(5)时间调整,其功能是按启动加热到所设置好的时间后自动停止加热。第一次使用时,可先调一秒控制,观察加热的情况,再逐步调整好该工件加热所需要的最佳时间。无时间控制的机型,跳过此步骤。

(6)启动加热。先把"功率调节旋钮"调至最小处,将"启动"按钮或踩下脚踏开关,此时加热指示灯闪烁,并发出"笛笛"声响,设备开始工作,对工件进行加热。此时观察工件加热情况,并调整"功率调节旋钮"以改变加热速度,注意,不要在大功率的条件下,空载或大感应线圈放入很小的工件启动加热。

(7)停止加热。按"停止"按钮,机器停止工作,根据的用户需求,也可以用其他方式停止加热。

(8)关机。先关面板的电源开关,待出水口水温变凉时,再关水源,然后关掉电源闸刀。

4.3.2　实训目的

(1)了解淬火温度对棒料(45 钢)组织、性能的影响。

(2)了解回火温度和回火保温时间对棒料(45 钢)组织、性能的影响。

(3)了解普通淬火与表面淬火的区别及其最佳热处理工艺的制定原则。

4.3.3　实训设备及试样

(1)实训设备:高频炉、箱式电阻炉、拉伸试验机和洛氏硬度计。

(2)工件:棒料(45 钢)。

4.3.4　实训内容及步骤

1. 感应加热表面淬火操作规范

(1)生产准备。

认真查对机加工零件的几何形状、表面质量是否符合本道工序的要求,表面不允许有伤痕、裂纹、尖头、毛刺和铁屑。零件的感应加热区域的表面粗糙度 12.5μm 以上。

感应加热设备要保持完好、清洁,电流连接可靠,冷却水进水压力为 0.15~0.2MPa,观察各路冷却水管出水是否通畅。

认真选用感应器,一般高频感应器与零件之间的间隙应不大于3mm,中频感应器与零件之间的间隙不大于4mm,感应器的形状应尽量采用仿形,表面光滑不漏水,喷水孔无堵塞。

严格按照启动程序启动设备,做好设备的预热工作。

(2)生产操作。

感应加热设备系高压电气设备,需两人以上共同操作,操作时应集中精力,经常观察电参数是否与工艺一致。加热前,同一批零件,要用 2~3 个进行试淬来调整加热参数,加热淬火参数调整多以加热时间调整为准,因为时间长短改变比较容易,根据加热时工件的火色判断加热温度,钢铁加热火色与温度关系如表 4-3,进而确定加热时间,并进行首件试淬与质量检验,如硬度、开裂和畸变等,以验证工艺参数。

表 4-3　钢铁加热火色与温度关系

序号	火色	温度/℃
1	暗褐色	520~580
2	暗红色	580~650
3	暗樱色	580~650
4	樱红色	750~780

序号	火色	温度/℃
5	淡樱红色	780～800
6	淡黄色	800～830
7	橘黄微红	830～850
8	淡橘色	880～1050

生产过程中认真观察电参数及冷却水压力的变化。该件采用同时加热淬火法,淬火部位整体置于感应圈里,待零件加热到淬火温度后,切断电流立即对加热部位进行冷却。

开始感应淬火时,必须协调安排好回火设备,保证及时回火。

(3)冷却。

加热观察工件呈淡黄色、橘黄微红和淡橘色后,分别将工件取出进入淬火水槽,工件的转移时间要尽可能短。

2. 淬火温度对棒料(45钢)性能的影响

(1)将棒料在800℃、840℃和880℃三个温度下加热淬火后,立即测试其新淬火状态下的机械性能。

(2)室温下测试上面淬火工件的硬度。

(3)分析800℃淬火组织、正常淬火和过烧后的组织。

3. 回火温度和时间对棒料(45钢)组织、性能的影响

(1)将棒料在840℃淬火后,于200℃回火,时效时间分别为30min、60min、90min、120min,回火后,测试其硬度和拉伸性能。

(2)同上工件经840℃淬火后,分别在150℃、200℃、300℃回火120min,测试其硬度和拉伸性能。

4. 注意事项

(1)加热前应擦净表面油污,去除毛刺。

(2)不得空载加热。

(3)加热时,不得触碰工件与感应器,工件不得与感应器触碰。

(4)感应器不得歪扭、变形。

(5)轴类零件加热时,不可对定位顶尖加力过大,以避免变形。

5. 实训报告

学　　院		班级学号		姓　　名	
课程名称		实训日期		评　分	
实训项目		指导教师			
实　　训 目　　的					
实训设备 及试样					
实训步骤、 方法及数据 记录					
热处理工艺 曲线图					
心得体会					

5　有色金属热处理实训项目

知识目标

1. 掌握有色金属热处理的基本知识。

2. 掌握有色金属热处理的工艺和操作。

能力目标

具有制定出合理热处理工艺的能力。

素质目标

1. 培养学生严谨认真、精益求精的工匠精神。

2. 培养学生具有职业道德和职业精神。

5.1　变形铝合金的热处理

5.1.1　实训准备知识

金属是现代工业的基础。机械、电气、原子能等工业,特别是宇航工业的发展,迫切要求发展金属材料科学;发展高强度、高韧性、轻、耐高温、耐腐蚀的材料及具有各种特殊物理性能的材料和新的加工工艺。

通常金属可分为两大类,即黑色金属和有色金属,铁、铬和锰属于黑色金属,除此之外,均属于有色金属,亦称非铁金属。有色金属中比重小于 3.5 的(铝、镁等)称为轻有色金属;比重大于 3.5 的(铜、铅等)称为重有色金属。钛、钨、钼、钒等称稀有金属;金、银、铂等称贵金属;天然放射性的镭、铀等称放射性金属。

有色金属在金属材料中占有很重要的地位,它不仅是制造各种优质合金钢及耐热钢所必需的合金元素。而且由于许多有色金属合金具有比重小、比强度高、耐腐蚀性好和良好的导电性、导热性、弹性等,因此,已成为现代工业,特别是国防工业中不可缺少的结构材料。

由于工业纯铝强度太低(抗拉强度为 $90 \sim 120\mathrm{MPa}$),不能用于制作受力的结构件,因而发展了铝合金。铝合金是在纯铝中加入合金元素配制而成的,常加的元素有 Cu、Mn、Si、Mg、Zn 等,辅加的元素有 Cr、Ni、Ti 等。铝合金不仅保持纯铝的熔点低、密度小、导热性良好、耐大气腐蚀以及良好的塑性、韧性和低温性能,且由于合金化,使铝合金大都可以实现热处理强化,强度大大提高。某些铝合金强度可高达600MPa。因此,广泛用于航空航天、机械制造、日常用品等领域。

铝中加入的合金元素与Al所形成的相图大都具有二元共晶相图的特点,如图5-1所示。根据合金的成分和生产工艺的不同,可将铝合金分为变形铝合金和铸造铝合金两类。成分小于D'点的合金,在加热时均能形成单相固溶体组织,合金塑性好,适于压力加工,故称为变形铝合金。成分大于D'点的合金,由于凝固时发生共晶反应,熔点低,流动性好,称为铸造铝合金。

在变形铝合金中,成分小于F点的,由于从室温到液相出现前,均为单相α固溶体,其成分不随温度变化而变化,故不能进行热处理强化,称为不能热处理强化的铝合金。而成分位于F和D'之间的合金,其固溶体成分随温度而变化,可进行固溶强化和时效处理强化,称为能热处理强化的铝合金。

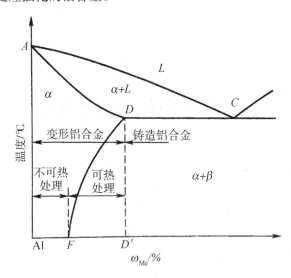

图5-1   铝合金相图的类型

1. 变形铝合金的分类

根据合金的特性,变形铝合金可分为防锈铝合金、硬铝合金、超硬铝合金和锻铝合金四类。

(1)防锈铝合金包括铝-镁系和铝-锰系,牌号采用“铝”和“防”的汉语拼音的首字母大写“LF”加顺序号表示,如LF5、LF21。防锈铝合金锻造退火后组织为单相固溶体,抗腐蚀性优良,还具有良好的焊接性能和塑性,易于压力加工和焊接。但切削性能差,而且不能进行热处理强化,常利用加工硬化提高其强度。常用的Al-Mn系合金有LF21,其抗蚀性和强度高于纯铝,用于制造油罐、油箱、管道、铆钉等需要弯曲、冲压加工的零件。常用的Al-Mg系合金有LF5,其密度比纯铝小,强度比Al-Mn合金高,在航空工业中得到广泛应用,如制造管道、容器、铆钉及承受中等载荷的零件。

（2）硬铝是目前航空工业中应用最广泛的一类变形铝合金,硬铝合金是 Al – Cu – Mg 系合金,并含少量 Mn,该合金的牌号用"铝"和"硬"的汉语拼音首字母大写表示,如 LY11、LY12 等。硬铝合金由于具有强烈的时效强化作用,经时效处理后强度和硬度明显提高而得名。其经自然时效后强度达到 380MPa ~ 490MPa（原始强度为 290MPa ~ 300MPa）,硬度也明显提高（由 70HB ~ 85HB 提高到 l20HB）,与此同时仍能保持足够的塑性。根据性能特点,硬铝合金的分类如下:

①低合金硬铝又称铆钉硬铝,如 LY1、LY10 等。合金中含铜量较低,固溶处理后冷态下塑性较好,以自然时效提高强度。主要用于铆钉的制作。

②中强度硬铝又称标准硬铝,如 LY11。合金含铜量与 LY12 相近,但含镁量较低,故强度稍低。耐热性也不如 LY12,但工艺塑性较好。淬火与自然时效可获得好的强化效果,常利用退火后进行冷冲、轧压等工艺,被用来制作大型铆钉、螺旋桨叶片等重要构件。

③耐热硬铝,如 LY2。合金含镁量较高,铜与镁之比在硬铝中最低。具有较高的耐热性,适宜制作高温下工作的零件,如航空发动机内的压气机叶片、盘等。

④高强度硬铝,如 LY12,LY6。它是合金元素含量较高且应用最广的一类硬铝。在这类合金中,镁的含量较 LY11 高（约 1.5%）,因而具有更高的强度和硬度,自然时效后抗拉强度可达 500MPa。但承受塑性加工能力较低,经过适当的处理可以制作航空模锻件和重要的销轴等。板材主要用作飞机蒙皮、壁板的加工,型材可制作飞机隔框、翼梁、长桁等。

（3）锻铝牌号是以"铝"和"锻"的汉语拼音首字母大写表示,如 LD2、LD5、LD7 和 LD10 等。Al – Cu – Mg – Si 系合金可锻性好,力学性能高,用于形状复杂的锻件和模锻件,如喷气发动机压气机叶轮、导风轮等。

（4）超硬铝是目前室温强度最高的一类铝合金,其强度可达 500 ~ 700MPa,因超过高强度的硬铝 LY12 合金,故称为超硬铝。它是 Al – Zn – Mg – Cu 系合金,并含有少量 Cr 和 Mn,时效强化效果超过硬铝合金。热态塑性好,但耐蚀性差。该合金的牌号用"铝"和"超"的汉语拼音首字母大写表示,如 LC5 和 LC6 等。这类铝合金主要用于制造工作温度较低、受力较大的结构件,如飞机大梁、起落架等。

2. 过饱和固溶体的性质

合金时效处理之前,先要通过固溶处理以获得过饱和固溶体。这种固溶体不仅对溶质原子过饱和的,而且实践表明,对空位这种晶体缺陷也是过饱和的,即处于双重过饱和状态。沉淀过程是一种原子扩散过程,而空位的存在是原子扩散所必须具备的条件,故固溶体中的空位浓度及其与溶质原子间的交互作用性质,必然对沉淀动力学发生重大影响。

空位的形成与原子的热运动直接相关。金属温度愈高,原子因热振动加强而脱离其平衡位置的概率也愈大,故空位浓度也增加。

纯铝和铝合金淬火得到的过饱和空位极不稳定,容易向晶界或其他缺陷地带迁移,或者空位之间产生聚集,形成新的晶格缺陷,如位错环或位错螺旋线。但对于 Al - Cu 合金,Cu 原子与空位间存在一定的结合能,即 Cu 原子与空位结合在一起,使空位能够比较稳定地处于固溶体中,不容易向缺陷地带迁移和消失。这种携带空位的 Cu 原子在形成新相时的扩散过程,要比没有空位时容易得多,淬火后将以很高的速度聚集,这种现像称为丛聚或偏聚,温度愈高,丛聚的速度也愈快,如果将合金在干冰中淬火,因温度很低,丛聚进行缓慢,可以较长时期地保持过饱和状态。携带空位的 Cu 原子的丛聚,并不能立即形成稳定的相,而是经过几个中间阶段逐步过渡到最终平衡组织。

3. 时效过程中的组织变化

时效过程是第二相从过饱和固溶体中沉淀的过程,和其他固态相变一样,新相以形核和长大方式完成转变。对于 Al - Cu 合金,大量试验和研究工作证明,为降低新相形成时所伴随的应变能和表面能,过饱和固溶体沉淀时往往先形成与母相晶体结构相同并保持完全共格的富铜区,即 G. P. 区,随后再逐步过渡到成分及结构与 $CuAl_2$ 相近的 θ'' 相和 θ' 相,同时共格关系逐渐破坏,最后形成非共格的具有正方结构的平衡相,θ 相。

(1)G. P. 区。

G. P. 区是溶质原子(Cu)偏聚区。在室温即可生成,主要特征:晶体结构与基体相同,并与基体共格,呈盘状,盘面垂直于基体低弹性模量方向。只是由于 Cu 原子半径比 Al 原子小,G. P. 区产生一定的弹性收缩,如图5 - 2 所示。

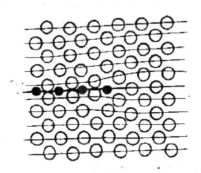

图5 - 2   Al - Cu 合金中 G. P. 区的共格应变图

G. P. 区的厚度只有几个原子,直径随时效温度的高低而不同,一般不超过 10nm。Al - Cu 合金室温时效形成的 G. P. 区很小,直径约 5nm,G. P. 区之间的距离为 2 ~ 4nm。130℃时效 15h,G. P. 区直径长大到 9nm,厚约 0.4 ~ 0.6nm。温度再高,G. P. 区数目开始减少,200℃即不再生成 G. P. 区。

(2)θ'' 相。

如将 Al - 4Cu 合金在较高温度下进行时效,G. P. 区的直径迅速长大,而且 Al 原子和 Cu 原子逐渐形成有序排列,即形成正方有序结构。这种结构的 x,y 两轴的晶格常数相同

$(a=b=0.404\text{nm})$，z 轴的晶格常数为 0.768nm，一般称为 θ'' 相。θ'' 过渡相厚度为 $0.8\sim 2\text{nm}$，直径为 $15\sim40\text{nm}$，θ'' 过渡相与基体完成共格，但在 z 轴方向的晶格常数比基体晶格常数的两倍小一些，产生约 4% 的错配度。因此，在 θ'' 过渡相附近造成一个弹性共格应变场，或晶格畸变区，这种由 θ'' 过渡相造成的应变场，也可从电镜照相的衍衬效应上显示出来，其共格关系示意图，如图 $5-3$ 所示。如时效时间继续增加，θ'' 过渡相密度不断提高，使基体内产生大量畸变区，从而对位错运动的阻碍作用也不断加大，使合金的硬度、强度，尤其是屈服强度显著增加。

θ'' 相的TEM图像

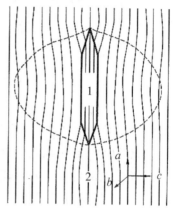

θ'' 相周围的弹性畸变区
（1—θ'' 相；2—α 相）

图 $5-3$　θ'' 相共格关系示意图

（3）θ' 相。

继续提高时效温度或延长时效时间，形成 θ' 相。它同样具有正方点阵，$a=b=0.404\text{nm}$，$c=0.58\text{nm}$，成分近似 $CuAl_2$，与基体半共格，优先在位错处形核。θ' 的大小决定于时效时间和温度，其直径约为 $10\sim600\text{nm}$，厚度为 $10\sim15\text{nm}$。由于在 z 轴方向的错配度过大（约 30%），在 (010) 和 (100) 面上的共格关系遭到部分破坏，θ' 相与基体间的界面上存在位错环，从而形成了半共格界面。既然 θ' 相与基体局部失去共格，那么界面处的应力场势必减小。应变能的减小，意味着晶格畸变程度下降、合金的硬度和强度也降低，开始进入过时效阶段。θ' 相共格关系示意图，如图 $5-4$ 所示。

（4）θ 相。

进一步提高时效温度和增加时效时间，θ' 相过渡到最终的平衡相 θ（$CuAl_2$）相，θ 相属于体心正方有序化结构，$a=b=0.606\text{nm}$，$c=0.487\text{nm}$，与基体非共格。因与基体完全失去共格关系，故 θ 相的出现意味着合金的硬度与强度显著下降。

综上所述，$Al-Cu$ 合金时效过程中，过饱和固溶体中发生的沉淀过程，可概括为 α 过饱和→G. P. 区→θ'' 过渡相→θ' 过渡相→θ 平衡相。

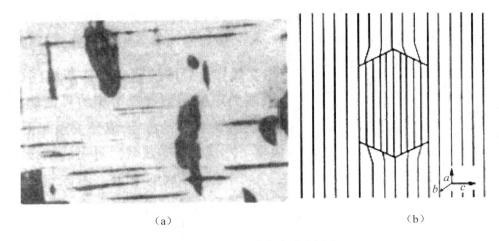

（a）

（b）

图 5 - 4　θ' 相共格关系示意图

4. 热处理

硬铝的主要热处理方式是淬火时效。在生产工序中，有时为了消除加工硬化，恢复塑性以便进行下一道成形加工，也可以进行退火处理。

将成分位于 F 和 D' 之间的合金加热到单相区保温一定时间后，快速水冷得到过饱和 α 固溶体的热处理操作称为固溶处理或淬火。淬火后获得的过饱和 α 固溶体是不稳定的，有分解出强化相过渡到稳定状态的倾向。将淬火后的合金置于室温或较高温度下，随着停留时间的延长，其强度、硬度会明显升高，这种现像称为时效。时效处理分为自然时效和人工时效。在室温下进行的时效，称为自然时效；在加热条件下进行的时效，称为人工时效。

淬火时效的主要工艺参数是选择适当的淬火加热温度、保温时间、冷却方式及时效温度和时间等，下面分别予以说明。

（1）淬火加热温度。

选择淬火温度的基本原则是在防止出现过烧、晶粒粗化、包铝层污染等弊病的前提下，尽可能采用较高的温度，使强化相充分固溶，以便在随后时效过程中获得最大的强化效果，同时对提高抗蚀性也有益。

过烧是指合金中低熔点组成物在加热过程中发生了重熔。从 Al - Cu - Mg 系含 4.5% Cu 的垂直截面中可以看出，如图 5 - 5 所示。LY12 的结晶过程为：首先从液相结晶出 α 初晶，接着进行二元共晶转变 $L \rightarrow \alpha + \theta$ 或 $L \rightarrow \alpha + S$，最后是三元共晶转变 $L \rightarrow \alpha + \theta + S$。在固态下随温度的降低，还会析出次生的 S 相和 θ 相。LY12 中的三元共晶体（$\alpha + \theta + S$）熔点最低，为 507℃，故 LY12 合金的淬火加热温度不得超过此限。

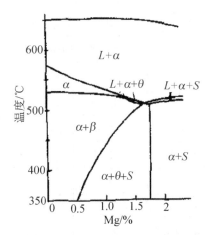

图 5-5　Al-Cu-Mg 系含 4.5% Cu 的垂直截面

表 5-1 是 LY12 合金在不同淬火温度下的力学性能。表 5-2 是常用硬铝正常淬火温度和过烧温度。

表 5-1　LY12 合金在不同淬火温度下的力学性能

淬火温度 /℃	拉伸性能		晶间腐蚀		最大应力 /MPa	至破断时的循环次数,N
	抗压强度 /MPa	断后伸长率 /%	抗压强度 /MPa	断后伸长率 /%		
500	497	21.6	497	20.6	310	8841
513	499	18.4	449	8.5	314	8983
517	488	18.1	355	4.1	310	8205

表 5-2　常用硬铝淬火温度和过烧温度

合金	淬火温度/℃	过烧温度/℃
LY1	495~505	535
LY2	495~505	510~515
LY10	510~520	540
LY11	495~510	514~517
LY12	495~503	506~507

(2)保温时间。

淬火保温时间首先取决于材料的原始组织状态和合金性质,主要影响是原始组织状态。凡强化相比较细小,因固溶快,保温时间可缩短;冷轧状态板材的保温时间比热轧状态的要短些;一般情况下退火态的材料因强化相较粗,保温时间应较长些;而重复淬火的零件则保温时间要更短一些。加热时间还与加热介质、零件尺寸、批量有关,这些因素直接影响保温时间的长短。铝合金的淬火保温时间如表 5-3。

表 5 – 3   铝合金的淬火保温时间

金属厚度 /mm	保温时间/min					
	盐槽	空气炉	适用于包铝		适用于锻件	
			盐槽	空气炉	盐槽	空气炉
1.2 以下	5	10~20	5	10~12		
1.3~2.0	10	15~30	7	15~20		
2.1~3.0	12	17~40	10	20~25	10	15~30
3.1~5.0	15	20~45	15	30~35	15	20~45
5.1~10.0	20	30~60	20	35~40	25	30~50
11~20	25	35~75			35	35~55
21~30	30	45~90			40	40~60

（3）转移时间。

工件从出炉到进入淬火槽之间的间隔时间称为转移时间。在转移过程中,工件温度下降,可导致固溶体发生部分分解,从而降低时效强化效果,特别是增大合金的晶间腐蚀倾向。为此,生产中应尽可能缩短转移时间。一般规定不超过 15s,对大尺寸工件可适当延长到 25s。

（4）淬火冷却速度。

根据铝合金的等温分解曲线,"鼻子"温度一般在 300~400℃ 之间,在此温度范围应保持足够的冷却速度。

（5）冷却介质。

生产中通常采用水作为淬火介质。水温应保持在 10~30℃,淬火后水槽温度不能超过 40℃。

（6）时效。

大多数硬铝在自然时效状态下应用,这是由于自然时效状态的抗腐蚀性(晶间腐蚀)优于人工时效。LY12 在淬火后 0.5h 以内,LY11 合金在 2h 以内,仍保持柔软状态,在此段时间内可以进行校直和铆接等操作,随后则合金开始迅速硬化。LY12 的自然时效过程可以延续 6~10 天,一般生产规定 LY12 和 LY11 合金自然时效 4 天后即可提供使用。

5. 时效硬化原因

时效硬化是铝合金主要强化手段,造成此种硬化的原因目前一般用位错理论来解释。合金沉淀硬化产物可引起两方面的影响:一是新相质点本身的性能和结构与基体不同;二是质点周围产生的应力场。沿滑移面运动的位错与析出相质点相遇时,就需要克服应力场和相结构本身的阻力,因而使位错运动发生困难。另外,位错通过物理性质与基体不同的析出相区时,这本身的弹性应力场也要改变,所以位错运动也受到阻碍。其他缺陷如在析出过程中形成空位和螺旋位错,也能阻碍位错运动。

根据位错阻力的来源,时效硬化可以用以下强化机制来加以说明,但这些强化机制并不是截然分开,只能说在一定的时效阶段,根据析出相的结构特点,某种强化方式可能起主要作用。

(1)内应变强化。

这是一种比较经典的理论,这种理论既可以用到沉淀强化合金,也可以用到固溶强化合金中。所谓内应变强化指沉淀物(溶质原子),当其与母体金属之间存在一定的配错度时,便产生应变场(应力场),这些应力场阻碍滑移位错运动。

对于新淬火或经过轻微时效的合金,其溶质原子是高度弥散的,因此这些原子与母相之间的配错度所引起的应力场是高度弥散的。

(2)位错切过沉淀物的硬化。

运动位错遇到沉淀物时,可以切过沉淀物而强行通过。如果沉淀物不是太硬而可以和基体一起变形的话,对于铝合金,根据薄膜透射电镜观察,已证明位错可以切过铝锌系合金的 G. P. 区和铝铜系合金的 G. P. 区和 θ'' 相。普遍认为,如沉淀相与基体共格,位错可以从中通过。如沉淀相与基体部分共格,而其晶体结构又与基体相近时,位错也可以切过。因此铝合金在预沉淀阶段或时效前期,位错运动多以切过的方式通过沉淀相。图 5 – 6 为位错从粒子间通过的示意图。

变形前   变形后

(a)

图 5 – 6 位错从粒子间通过的示意图

位错切过粒子时要消耗三种能量,运动阻力来自三个方面:粒子与基体的配错引起了应力场;位错切过粒子后,粒子被滑移成两部分,因而增加了表面能;位错切过粒子后,改变了溶质 – 溶剂原子的近邻关系,引起了所谓的化学强化。

(3)位错绕过沉淀物的硬化。

当位于位错滑移面上的沉淀物很硬,或由于提高时效温度,延长时效时间后,沉淀相聚集,相间距加大时,位错可以从粒子间凸出去即绕过粒子,因为这样要比切过粒子更容易一些。位错在每次通过粒子后,在粒子四周留下一圈位错环,所以位错密度不断提高,粒子的有效间距不断减小,造成硬化率增大。图 5 – 7 为位错从粒子间通过的示意图。

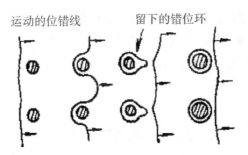

图 5 - 7　位错从粒子间通过的示意图

对于铝合金,一般从时效硬化开始,直到硬化峰值,由于沉淀相与基体保持共格,弥散度又很高。因此,时效硬化主要由应力场的交互作用及运动位错切过粒子造成,而弥散强化往往对应着过时效阶段。如铝铜系合金从 G. P. 区到 θ'' 相,由于共格所造成的晶格畸变越来越大,应力场作用范围越来越宽,甚至相互接触,时效硬化作用达到最大值。此时,位错切过 G. P. 区和 θ'' 相,在应力应变曲线上反映为屈服强度较高但硬化率较低,如图 5 - 8 所示。这是因为位错运动一旦切过粒子后,以后的位错就比较容易通过。反之,θ' 相和 θ 相对应的应力应变曲线特点为屈服点低而硬化率高。因为时效状态粒子间距大,运动位错开始比较容易从中通过,但以后由于粒子周围位错环数量增加,提高了对位错运动的阻力,所以应力增加很快。

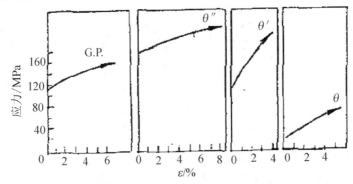

图 5 - 8　Al - 4% Cu 单晶体应力 - 应变曲线

6. 铝合金的热处理缺陷及预防措施

铝合金的热处理缺陷有过烧、退火不当、强化相溶解不充分、强化相沿晶界析出、晶界腐蚀、变形和开裂。

(1)过烧。

过烧是由于加热温度偏高或材料成分偏析,在加热时低熔共晶体局部熔化。严重时会出现复熔共晶球、晶界变粗、晶界氧化。

预防措施:严格控制加热温度,铝合金的固溶化温度应控制在 ±5℃ 之内,不允许超过其共晶温度,如 LY12,三相共晶温度为 507℃,其固溶温度 495 ~ 503℃,绝不能超过上限温度。材料偏析较严重时,可先进行扩散退火处理,消除成分偏析及非平衡组织。

（2）退火不当。

由于退火保温时间不足，冷却速度快，使细小强化相沿晶界析出，造成局部淬火态，此时材料塑性差，易在变形时断裂。

预防措施：在一定的退火温度下，较长时间保温，并按一定冷却速度缓慢冷却。若能热处理强化的铝合金，退火时应严格控制冷却速度，以不大于 30℃/h 的冷却速度炉冷至250℃，然后空冷。

（3）强化相溶解不充分。

因淬火温度偏低或保温时间不足，此缺陷会降低铝合金热处理后的力学性能及抗蚀性能。

补救措施：适当提高淬火温度或延长保温时间。

（4）强化相沿晶界析出。

强化相沿晶界析出是因为淬火转移速度太慢或淬火液冷却速度不足，降低了铝合金力学性能及抗蚀性能。

预防措施：转移时间不超过 15s；选择合适的淬火液，严格规定淬火液的温度。

（5）晶界腐蚀。

晶界腐蚀是由于淬火温度过低，淬火转移时间太长，冷却介质温度太高造成，尤其对含铜量大于 4% 的铝合金，人工时效状态下对晶界腐蚀很敏感。晶界腐蚀破坏了金属的连续性，严重降低了零件的力学性能。

预防措施：根据不同合金选择最佳淬火温度；固溶化后需以很快的速度冷却，防止合金中间相析出，得到高浓度的过饱和固溶体。零件从炉中取出完全进入淬火剂中的转移时间要短，淬火剂的冷却能力要大。

（6）变形、开裂。

变形、开裂因为冷却速度太快，导致较大应力产生。不同的零件选择不同的冷却条件。如形状简单的小件，可用 10 ~ 30℃ 的水冷却；复杂形状零件，水温应提高至 40 ~ 50℃。对形状复杂的大件，则用 80 ~ 100℃ 的水冷却。这样可以有效避免变形，开裂等热处理缺陷的产生。

5.1.2　实训目的

（1）了解淬火温度对硬铝 LY12 组织、性能的影响。

（2）了解时效温度和时效时间对硬铝 LY12 组织、性能的影响。

（3）了解硬铝热处理的特点及其最佳热处理工艺的制定原则。

5.1.3　实训设备及试样

（1）实训设备：箱式电阻炉、拉伸试验机和洛氏硬度计（HRB）。

（2）工件：板材（LY12）。

5.1.4　实训内容及步骤

1. 操作前准备工作

（1）对设备进行使用前检查，当设备的各部位和电器系统均完好时方可开炉。

（2）校正炉温。

2. 淬火操作

（1）装炉。

将工件装到炉膛的有效加热区内。

（2）加热。

装炉完毕，送电将炉子升温，到温后开始保温。

（3）保温。

保温时要控制好温度，避免晶粒粗化。

（4）冷却。

保温结束后，工件从出炉到进入淬火槽要尽可能快地淬入水中，避免温度下降导致固溶体发生部分分解，降低时效强化效果。

3. 淬火温度对 LY12 合金性能的影响

（1）将 LY12 合金工件在 475℃、500℃和 520℃三个温度下加热淬火后，立即测试其新淬火状态下的机械性能。

（2）室温下对淬火工件每天测试硬度一次。

（3）在上述三个温度下淬火的工件在室温放置 4～6 天后，再测试其机械性能。

（4）分析原退火、正常淬火和过烧后的组织。

4. 时效温度和时效时间对 LY12 合金组织、性能的影响

（1）将 LY12 合金工件在 500℃淬火后，于 100℃人工时效，时效时间分别为 5min、15min、30min、60min、90min，时效后，测试其硬度和拉伸性能。

（2）同上工件经 500℃淬火后，分别在 100℃、190℃、250℃时效 60min，测试其硬度和拉伸性能。

5. 注意事项

（1）实习操作前应了解热处理设备的结构、特点和使用方法，并在老师指导下正确使用热处理设备，不得随意开启炉门和触摸电气设备。

（2）热处理操作时，工件进炉、出炉应先切断电源，然后送取工件，以防触电。

（3）淬火操作时，工件出炉，应快速放入水中冷却；时效冷却时置于远离易燃物的空地上。严禁手摸或者随地乱扔。

（4）废料应分类存放，统一回收。

6. 实训报告

学　　院		班级学号		姓　　名	
课程名称		实训日期		评　　分	
实训项目		指导教师			
实　　训 目　　的					
实训设备 及试样					
实训步骤、 方法及数据 记录					
热处理工艺 曲线图					
心得体会					

5.2　铸造铝合金的热处理

5.2.1　实训准备知识

　　铸造铝合金要求具有良好的铸造性能,因此组织中应有适当数量的共晶体。铸造铝合金的合金元素含量(8% ~25%)一般高于变形铝合金。铸造铝合金的突出优点是比重小、比强度高,并有良好的抗蚀性和铸造工艺性,可进行各种成型铸造。由于铝合金的熔点较低,熔炼工艺和设备都比较简单,因此铝合金铸件在航空、一般机械制造及仪表等工业部门均得到相当广泛的应用。

1. 铸造铝合金的代号、牌号

铸造铝合金代号采用"铸铝"二字的汉语拼音首字母大写 ZL 表示,其后有三位数字,第一位代表合金系,如表5-4所列,其余为合金顺序号。如 ZL-101 为 Al-Si 系第一号铸造铝合金,ZL-201 为 Al-Cu 系第一号铸造铝合金等,又因航标与国际合金在编号上不尽相同。为避免混淆,航空专用铸造铝合金代号加 H 字母,如 HZL-201。铸造铝合金的牌号由 Z 和基体元素化学符号、主要元素化学符号以及表示合金元素平均含量的百分数组成。

表5-4　铸造铝合金的分类号(航标)

第一位数字	1	2	3	4
代表的合金系	Al-Si	Al-Cu	Al-Mg	Al-Zn

铸造合金为了保证良好的铸造工艺性,一般希望接近共晶成分。Al-Si 系的特点是共晶点含硅量不太高,这样既可保证合金组织中形成大量的共晶体,以满足铸造工艺方面的要求,又不至于因第二相数量过多而使材料的塑性严重降低。

2. 铸造铝合金的热处理

铸造铝合金的热处理种类及用途,如表5-5所列。

表5-5　铸造铝合金热处理种类及用途

热处理类别	表示符号	用途
未经淬火的人工时效	T1	用于改善零件的切削加工性,提高表面光洁度。能提高如 ZL-103、ZL-105 这类合金的机械性能(约30%)
退火	T2	为了显著地消除铸造或残余热应力,消除机械加工产生的加工硬化以及提高合金的塑性
淬火	T3	用以提高合金强度
淬火及自然时效	T4	为了提高合金强度,用于在100℃以下工作的抗蚀性又较高的零件
淬火及不完全人工时效	T5	可得到足够高的强度,并保持高的塑性
淬火及完全人工时效	T6	在塑性有些降低的情况下得到最大的强度
淬火及稳定化回火	T7	为得到足够高的强度和比较高的尺寸稳定性,用于高温工作零件
淬火及软化回火	T8	降低强度得到高的塑性和尺寸稳定性

（1）退火。

退火的目的是消除内应力,稳定铸件尺寸。

退火工艺:在空气循环电炉中进行,温度为280~300℃,保温2~4h,然后空冷。

（2）淬火和时效。

铸造铝合金的淬火温度一般采用500~535℃,加热保温数小时至数十小时,加热保温后热水冷却。加热通常在空气循环电炉内进行,可采用350℃以下的低温入炉,然后随炉缓慢加热至淬火温度。若采用硝盐浴加热,应先在350℃的电炉中预热2h。含镁很高的铸铝合金不允许在硝盐浴内加热,避免镁燃烧发生爆炸事故。

铸铝合金的时效方法有两种,即完全人工时效和不完全人工时效,应根据零件的性能要求来选用。完全人工时效是将零件加热至170~190℃保温数小时至数十小时后空冷,时效后可达到最大强化效果。不完全人工时效是将零件加热至170~190℃,保温数小时,使合金具有一定的强化效果。

（3）稳定化回火。

目的是为了稳定组织而不考虑强化效果。因此,回火温度和回火时间应从能否达到良好的稳定组织和性能效果来考虑。回火温度比完全人工时效高,接近或高于零件的工作温度。

5.2.2　实训目的

（1）了解退火温度对ZL-102组织、性能的影响。

（2）了解铸造铝合金热处理的特点及其最佳热处理工艺的制定原则。

5.2.3　实训设备及试样

（1）实训设备:箱式电阻炉、拉伸试验机和洛氏硬度计(HRB)。

（2）工件:手轮(ZL-102),如图5-9所示。

图5-9　手轮

5.2.4 实训内容及步骤

1. 操作前准备工作

（1）对设备进行使用前检查，当设备的各部位和电器系统均完好时方可开炉。

（2）校正炉温。

（3）对手轮进行清洗，除掉油垢和金属屑。

2. 测试机械性能

ZL－102 合金手轮在 260℃、290℃和 350℃三个温度下退火保温 3h 后，立即测试其机械性能。

3. 测试硬度和拉伸性能

将 ZL－102 合金手轮在 290℃退火保温时间分别为 1h、2h、4h、6h，测试其硬度和拉伸性能。

4. 分析

分析不同退火温度和退火时间对 ZL－102 组织、性能的影响。

5. 注意事项

（1）实习操作前应了解热处理设备的结构、特点和使用方法，并在老师指导下正确使用热处理设备，不得随意开启炉门和触摸电气设备。

（2）热处理操作时，工件进炉、出炉应先切断电源，然后送取工件，以防触电。

（3）经热处理出炉的工件应尽快放入介质中或置于远离易燃物的空地上。严禁手摸或者随地乱扔。

（4）废料应分类存放，统一回收。

6. 实训报告

学　　院		班级学号		姓　名	
课程名称		实训日期		评　分	
实训项目		指导教师			
实　训 目　　的					
实训设备 及试样					

续表

实训步骤、方法及数据记录	
热处理工艺曲线图	
心得体会	

5.3　钛合金的热处理

5.3.1　实训准备知识

钛是 20 世纪 50 年代发展起来的一种重要的结构金属,钛合金因具有强度高、耐蚀性好、耐热性高等特点而被广泛用于各个领域。世界上许多国家都认识到钛合金材料的重要性,相继对其进行研究开发,并得到了实际应用。

1. 钛中合金元素的分类

钢中的合金元素分为奥氏体稳定元素和铁素体稳定元素两大类。与此类似,可将加入钛中的合金元素分为三类,即 α 稳定元素、中性元素和 β 稳定元素。

(1) α 稳定元素。

提高钛的 β 转变温度的元素,称为 α 稳定元素。即 α 稳定元素在周期表中的位置离钛较远,与钛形成包析反应,这些元素的电子结构、化学性质等与钛差别较大,能显著提高合金的 β 转变温度,稳定 α 相,因此称 α 稳定元素。

典型的 α 稳定元素为铝、氧、氮和碳等,铝加入后,可强化钛的 α 相,降低钛合金比重,并显著提高合金的再结晶温度和热强性。另外,添加铝可提高 β 转变温度,使 β 稳定元素在 α 相中的溶解度增大。因此,铝在钛合金中的作用类似于碳在钢中的作用,几乎所有的钛合金中均含铝。但铝对合金耐蚀性无益,还会使压力加工性能降低。

（2）中性元素。

对钛的 β 转变温度影响不明显的元素,称为中性元素。与钛同族的锆、铪等元素在 α、β 两相中均有较大的溶解度,甚至能够形成无限固溶体。另外,锡、铈、镧、镁等,对钛的 β 转变温度影响也不明显,亦属中性元素,中性元素加入后主要对 α 相起固溶强化作用,故有时也可将中性元素看作 α 稳定元素。

（3）β 稳定元素。

降低钛的 β 转变温度的元素,称为 β 稳定元素。根据 β 稳定元素的晶格类型及与钛形成的二元相图特点,又可将 β 稳定元素分为 β 同晶稳定元素和 β 共析稳定元素两类。

2. 钛合金的分类

纯钛具有密度较低,熔点高,导热性差,膨胀系数小,弹性模量也较低、耐蚀性高等特点。其牌号为 TA0、TA1、TA2 和 TA3,其中 TA0 为高纯钛,其余三种为工业纯钛。

钛合金按退火组织可分为 α 型、β 型和（$\alpha + \beta$）型钛合金,分别用 TA,TB,TC 加顺序号表示其牌号。

（1）α 型钛合金。

加入铝可使钛合金的同素异构转变温度提高,在室温和工作温度下获得单相 α 组织,因此称为 α 钛合金。α 钛合金有良好的热稳定性、热强性和焊接性,但室温强度比其他钛合金低,塑性变形能力也较差,且不能热处理强化,主要是固溶强化,通常在退火状态下使用。α 型钛合金的牌号有 TA4、TA5、TA6、TA7、TA8 等。TA7 是典型合金,可制作在 500℃ 以下工作的零件,如导弹燃料罐,超音速飞机的涡轮机匣等。

（2）β 型钛合金。

在钛中加入钒、钼、铌等稳定 β 相的合金元素,可获得稳定的 β 相组织,因此称为 β 钛合金。β 钛合金淬火后具有良好塑性,可进行冷变形加工。经淬火时效后,使合金强度提高,焊接性好,但热稳定性差。β 型钛合金典型的牌号有 TB1、TB2,主要用于 350℃ 以下工作的结构件和紧固件,如飞机压气机叶片、弹簧和轮盘等。

（3）$\alpha + \beta$ 型钛合金。

在钛中加入稳定的 β 相元素（Mn、Cr、V 等）,再加入稳定 α 相元素（Al）,在室温下即获得（$\alpha + \beta$）双相组织,因此称为 $\alpha + \beta$ 钛合金。$\alpha + \beta$ 钛合金具有良好的综合性能,组织稳定性好,有良好的韧性、塑性和高温变形性能,能较好地进行热压力加工。在航空工业中,这类合金多在退火状态下使用。$\alpha + \beta$ 型钛合金中的典型代表是 TC4 合金。此合金是国际通用型钛合金,其用量占钛合金总消耗量约 50%。其室温下抗拉强度为 800 ~ 1100MPa,也有足够的塑性,且在 400℃ 以下组织稳定,热强度较高。

3. 钛合金的相变

（1）同素异构转变。

钛具有同素异构转变,低于 882℃ 为密排六方晶格,称为 $\alpha - Ti$,高于 882℃ 为体心立方晶格,称为 β – Ti。β 相转变为 α 相的过程容易进行,相变阻力及所需过冷度均很小。钛合金转变与铁的转变不同,其不能细化晶粒,也不能消除织构。添加合金元素后,钛的同素异构转变开始温度发生变化,转变不在恒温下进行,而是在一个温度范围内进行。

（2）马氏体相变。

钛及钛合金的马氏体相变是由于在快速冷却的过程中,β 相转化成 α 相的过程中来不及通过扩散转变进行,β 相转变成与母相成分相同、晶体结构不同的过饱和固溶体。即只有通过 β 相中原子作集体有规律的近程迁移,发生切变相变,形成 α 稳定元素过饱和固溶体,这种固溶体称为马氏体。实质上,马氏体相变也是一种广义上的同素异构转变。

若钛合金中 β 稳定元素含量不高,则淬火时 β 相由体心立方晶格转变为密排六方晶格。所以,六方马氏体是指具有六方晶格的过饱和固溶体,用 α' 表示。发生变化:$\beta \rightarrow \alpha'$。若 β 稳定元素含量较高时,晶格切变阻力较大,淬火时,β 相由体心立方晶格转变为斜方晶格。所以,斜方马氏体是指具有斜方晶格的过饱和固溶体,用 α'' 表示。发生变化:$\beta \rightarrow \alpha''$。与钢中的马氏体转变类似,钛合金的马氏体转变开始温度为 M_s 点,转变终止温度为 M_f 点。随着 β 稳定元素含量增加,切变阻力增大,转变所需冷却度也增大。若 β 稳定元素含量高于 C_k 时,合金的 M_s 点降至室温以下,也就是说切变阻力已足够使 β 相淬火过冷至室温时也不发生马氏体转变。称这种 β 相为过冷 β（亚稳 β）。若 β 稳定元素含量超过 C_k 很多并超过 C_β 成分时,则不管快冷或慢冷,β 相均不发生任何转变。

过冷 β 相在受力时也可能发生马氏体转变,称为应力诱发马氏体。当在某 β 钛合金中 β 稳定元素含量略高于 C_k 时,容易出现这种现象。

钢中马氏体是过饱和的间隙固溶体,能强烈提高钢的硬度和强度。而钛合金中的马氏体是过饱和的置换固溶体,产生的晶格畸变较小,故其强度、硬度仅略高于 α 相,对合金只有较小的强化作用。当合金中出现斜方马氏体 α'' 时,强度、硬度特别是屈服强度甚至明显下降。

（3）ω 相变。

成分位于 C_k 附近的合金,若将其 β 相从高温迅速冷却,可转变成 ω 相,当合金元素含量较低时,ω 相为六方结构,随着合金元素含量增加,逐步过渡到菱方晶系。ω 相总是与 β 相共生且共格,被认为是 $\beta \rightarrow \alpha$ 转变的中间过渡相。淬火时,$\beta \rightarrow \omega$ 相变也是无扩散型相变,但与经典的马氏体转变不同,点阵改组时原子位移很少,金相试片上不出现表面浮凸。ω 相的粒子尺寸仅约 2 ~ 4nm,为高度弥散、密集分布的颗粒,体积分数可达 80% 以上。

ω 相是一种硬脆相。合金中出现 ω 相时,强度、硬度和弹性模量都显著增高,但塑性却急剧降低。当合金中 ω 相体积超过 80% 时,即无宏观塑性,如 ω 相体积分量适当(约 50%),则合金可有强度与塑性的良好配合。

(4)钛合金慢冷却中的相变。

对钛合金相变影响最大的是 β 稳定元素。图5-10表示 Ti-β 同晶元素相图。相图中的 t_0 点为纯钛的同素异构转变温度。若相图原点不是纯钛而是钛合金,则 t_0 点可扩展为一个温度区间。图中的 t_0C_β 线表示 $\beta \rightarrow \alpha$ 转变开始温度线,即 β 相变点线。t_0C_α 线为 $\beta \rightarrow \alpha$ 转变终止线。

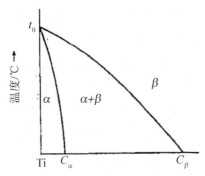

图5-10　Ti-β 同晶元素相图

钛合金慢冷(如退火中的炉冷或大型工件空冷)过程可用此图进行分析。α 稳定元素含量小于 C_α 的合金,无论在何种温度炉冷,组织均为单相 α,但空冷后,由于 $\beta \rightarrow \alpha$ 的相变来不及进行到底,合金组织中往往残留有少量的亚稳相。

成分范围位于 $C_\alpha \sim C_\beta$ 的合金自 β 相区慢冷时,将从 β 相中不断析出 α 相。两相成分各沿 t_0C_β 及 t_0C_α 线变化,α 核心首先在 β 晶界形成,并沿晶界长大成为网状晶界 α,同时由晶界 α 处以片状 α 形态向 β 晶内生长,并平行排列,形成 α 片丛,每个片丛称为一个 α 束域。

当加热温度较低或冷速较快时,不同位向的 α 形核率较高,α 束域尺寸减小,有时甚至每片 α 都有不同位向,互相交错,称为编织或网篮状 α 组织。

β 稳定元素含量大于 C_β 时,任何温度下慢冷或快冷,均为单相 β 组织。

(5)$\alpha + \beta$ 钛合金的基本组织类型与性能特点。

钛合金的组织不但取决于相变过程,更与热加工如轧制、锻造、挤压等过程有关,仅靠热处理不能显著改变其组织形态。因而,分析钛合金的组织变化,除应根据相图外,还必须考虑合金的热加工过程及材料的原始组织。

钛合金的最终性能主要由组织组成物决定。由于钛合金相变的复杂性及热加工过程的多样性,其显微组织类型较多。但就应用最广的两相钛合金而言,一般可归纳为魏氏组织、网篮组织、双态组织和等轴组织四大类,有时也把双态组织归入等轴组织一类之中。

魏氏组织,当两相钛合金变形开始和终了温度都在 β 相区,变形量又不很大(一般小于50%)时,或将合金加热到 β 相区后较慢冷却时,都将得到魏氏组织。

魏氏组织的特征:具有粗大原始 β 晶粒,在原始 β 晶界上分布有清晰的晶界 α,原 β

晶内为片状 α 束域，α 片间为 β 相。若在 β 相区较高温度加热、冷速较慢，则形成的晶界 α 较宽，α 束域较粗大；片状 α 为平直状。若从 β 相区较快冷却，则形成的晶界 α 较窄，甚至不出现，α 束域尺寸减小，甚至每片的位向均不相同，片的宽度也变窄，互相交错，呈编织状，α 片间的 β 相数量增多。较薄工件，冷却速度较快时，其 α 束域内的片状 α 可能为马氏体针所替代。

图 5-11 为两相钛合金在 β 相区变形所得的魏氏组织形成过程示意图，它与亚共析钢魏氏组织形成过程类似。

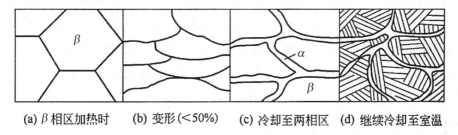

(a) β 相区加热时　　(b) 变形(<50%)　　(c) 冷却至两相区　　(d) 继续冷却至室温

图 5-11　两相钛合金在 β 相区变形所得的魏氏组织形成过程示意图

魏氏组织的主要优点之一是断裂韧性高，原因：一是由于晶界 α 的存在，使晶间断裂比例减小；二是在魏氏组织中，裂纹往往沿 α、β 相界面扩展，因各 α 束域取向不同，使裂纹扩展至束域边界后，继续扩展受到另一位向 α 束域的阻碍而被迫改变方向。这样，裂纹扩展遇到不同位向的 α 束域时，就要经常改变方向，使扩展路径曲折，增加了分枝及裂纹的总长度，从而使断裂时吸收的能量变大，因而断裂韧性增高。其另一优点是在较快冷却(如空冷)状态下，其蠕变抗力及持久强度较高，这是因其原始 β 晶粒比较粗大所致。

魏氏组织在原始 β 晶粒不十分粗大的情况下，魏氏组织的室温拉伸强度与其他类型的组织相差不多，有时略高。魏氏组织突出的弱点是塑性，尤其是断面收缩率远低于其他类型的组织。这是由于其原始 β 晶粒比其他类型的组织粗大，而且存在网状晶界 α 的缘故。另外，这种组织的疲劳性能也较低。

网篮组织，两相钛合金在 β 转变温度附近变形，或在 β 相区开始变形，但在两相区终止变形，变形量为 50%～80% 时，都将得到网篮组织。

网篮组织的特征是原始 β 晶粒边界在变形过程中被破坏，不出现或仅出现少量分散分布的颗粒状晶界 α，原始 β 晶粒内的 α 片变短(即长宽比较小)，α 束域尺寸较小，各片丛交错排列，犹如编织网篮状。

两相钛合金变形在 β 相区开始、在两相区终止，所得到的网篮组织形成过程示意图，如图 5-12 所示。

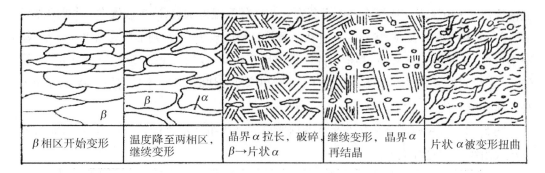

| β 相区开始变形 | 温度降至两相区，继续变形 | 晶界 α 拉长，破碎 $\beta \to$ 片状 α | 继续变形，晶界 α 再结晶 | 片状 α 被变形扭曲 |

图 5 - 12　在 β 相区开始、在两相区终止形成的网篮组织形成过程示意图

　　网篮组织的塑性高于魏氏组织，一般可满足使用要求，但仍不够理想，网篮组织的疲劳性能高于魏氏组织，但断裂韧性却低于魏氏组织。一些大型锻件容易获得网篮组织。在实际应用中，对于高温长期受力部件，往往采用网篮组织代替魏氏组织。因为网篮组织的塑性、蠕变抗力及高温持久强度等综合性能较好。

　　双态组织，两相钛合金在两相区上部温度变形，或在两相区变形后，再加热至两相区上部温度而后空冷，可得到双态组织。

　　双态组织的特征是在 β 转变组织的基体上，分布有互不相连的初生 α 颗粒，其数量小于 50%。双态组织指组织中的 α 有两种形态，一种为等轴状的初生 α，另一种为 β 转变组织中的片状与初生 α 相对应，这种片状 α 亦称为次生 α 或二次 α。

　　双态组织的形成过程如图 5 - 13 所示。

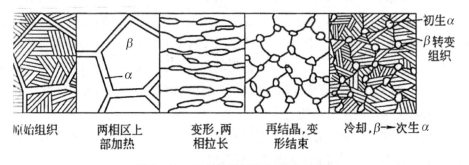

| 原始组织 | 两相区上部加热 | 变形，两相拉长 | 再结晶，变形结束 | 冷却，$\beta \to$ 次生 α |

图 5 - 13　双态组织的形成过程示意图

　　等轴组织，两相钛合金在低于双态组织形成温度（约低于 β 相变点 $30 \sim 50℃$）的两相区变形，一般可获得等轴组织。

　　等轴组织的特征是在均匀分布的、含量超过 50% 的等轴初生 α 基体上，存在一定数量的 β 转变组织。变形温度越低，则初生 α 数量越多，其中的位错密度越大。当变形温度很低时，β 相中的 β 稳定元素含量较高，冷却时 β 相内不会析出片状次生 α，其最终形态为等轴初生 α 颗粒分布在 β 相基体之上。这种等轴的组织称为晶间 β 组织。若将初生 $\alpha + \beta$ 转变组织加热至两相区上部温度后，以极慢冷速冷却，则次生 α 不在 β 晶内形核析出，而是沿初生 α 边界析出，与初生 α 连在一起，也得到晶间 β 组织。

等轴组织中的初生 α 数量最多,而双态组织中则是 β 转变组织数量最多。但当初生 α 量接近 50% 时,究竟属双态组织还是属等轴组织,已无原则区别。因此,有的书中也将双态组织称为等轴组织。等轴组织的形成过程与双态组织形成过程相似,仅需注意等轴组织中初生 α 的相对量应增多即可。上述所有组织,在其形成的温度范围内,施加的变形程度增大,可使组织的细化程度增加。双态组织和等轴组织性能特点大致相同,仅随所含初生 α 数量不同而有一定差异。这两种组织性能特点恰与魏氏组织相反,具有较高的疲劳强度和塑性。因而,在大多数场合,一般都希望获得这两种组织。

这两种组织的主要缺点是断裂韧性及高温性能不如魏氏或网篮组织,且必须在两相区进行压力加工才能得到,而在两相区压力加工时变形抗力大。

4. 钛合金的热处理

钛合金的热处理主要有退火、淬火时效、化学热处理。

(1)退火。

目的是为了提高塑性,消除应力及稳定组织。主要用于各种钛合金,是纯钛和 α 型钛合金的唯一热处理方式。

去应力退火:消除冷变形、铸造及焊接等工艺过程中产生的内应力。退火温度一般为 450~650℃。消除应力退火所需时间取决于工件厚度和残余应力大小,空冷。完全退火:消除加工硬化、稳定组织和提高塑性。退火温度介于再结晶温度和相变温度之间,空冷。

(2)淬火时效。

钛合金中具有不同的相变,可以利用这些相变产生强化,如淬火(或固溶)时效。

近 β 及亚稳 β 钛合金加热后快冷,或两相钛合金加热到低于 t_k 温度快冷,则冷却过程中不发生相变,仅得到亚稳 β 组织。若对亚稳 β 组织时效,则可获得弥散相使合金强化,这种情况与铝合金的固溶时效强化机制类似,因此,钛合金的这种强化热处理也可称为固溶时效处理,钛合金的固溶时效强化机制与铝合金的主要区别在于后者固溶时,得到的是溶质过饱和的固溶体,而钛合金得到的是 β 稳定元素欠饱和的固溶体。铝合金时效是靠过渡相强化,而钛合金时效是靠弥散分布的平衡相强化。

两相钛合金从高于 t_k 温度或近 α 钛合金从高于 M_s 温度快冷时,β 相发生无扩散相变,转变为马氏体。回火时,马氏体分解为弥散相,使合金强化,钛合金的这种强化过程类似于钢中的淬火回火。因此,也可将钛合金的这种强化热处理称为淬火回火。钛合金的淬火回火与钢的主要区别在于后者的马氏体可造成强化或硬化,而回火是为了降低马氏体硬度,提高韧性。钛合金则相反,马氏体不引起显著强化,强化主要靠回火时马氏体分解所得的弥散相,这与亚稳 β 的时效强化机制相同。

①淬火温度。β 稳定元素含量较少的两相钛合金,淬火温度超过 t_k 后,淬火态的强度增加;两相钛合金中 β 稳定元素含量较高,淬火后强度并不增加;若两相钛合金中 β 稳定

元素含量更多,在 β 相变点附近淬火后,强度出现最低值。

时效后的性能可反映热处理强化效果。β 稳定元素含量较少的两相钛合金,在 t_k 附近淬火,时效强化效果最好;β 稳定元素含量较高的两相钛合金,在略低 β 相变点附近淬火时,时效强化效果最好。所以,两相钛合金的淬火温度为 t_k 和 β 相变点之间。

β 钛合金的淬火温度一般在 β 相变点附近,淬火温度过高,β 晶粒易粗化。

②淬火保温时间。根据淬火温度、合金化程度及参照退火保温时间确定。

③转移时间。为了防止在转移过程中 β 相部分分解,降低热处理强化效果,钛合金在淬火时出炉到进入淬火剂之间的工件转移时间一般要少于 10s。

④冷却介质。β 稳定元素含量越高,淬透性越好。亚稳态 β 钛合金采用空冷就可以,且淬透直径可达到 150mm 以上。其他钛合金的淬火介质为冷水。

⑤时效温度。要使钛合金的强化效果最好,其时效温度与淬火温度有关。大多数两相钛合金在 450~550℃时时效,强度最高。若时效温度高于 600℃,强度显著下降,塑性增加不多。有时,为了改善断裂韧性和热稳定性,钛合金仍采用较高温度的过时效。

易形成 ω 相的钛合金,应选择时效温度较高,一般在 500℃以上。使 ω 相分解。不易形成 ω 相的钛合金,则可选用时效温度低一点,这样,更有利于弥散相的形成。

⑥时效时间。时效时间对机械性能的影响不如时效温度的影响明显,一般为 2~20h,β 稳定元素含量高的钛合金,时效时间应长一些。

5. 钛合金中的常见缺陷

在钛合金的生产或加工中经常出现某种缺陷,影响合金性能。若缺陷比较严重,则合金无法使用。钛合金的常见缺陷有化学成分偏析、组织不均匀、夹杂。

(1)化学成分偏析。

熔炼过程不当会造成成分偏析即 α 稳定元素或 β 稳定元素分布不均匀。当偏析区中 α 稳定元素铝,氧,氮及碳含量高于基体时,会使偏析区 α 相数量增多。硬度增大,塑性大幅度下降。容易在偏析区首先开裂。间隙元素的危害性尤其严重。由于偏析区与基体的成分、组织不同,所以说抗蚀性能不同。在两相钛合金中,β 稳定元素偏析时,偏析区 β 相变点将降低。在两相区加热,偏析区与正常区相比,初生 α 相比较少,甚至无初生 α 颗粒。冷却后偏析区全部为 β 转变组织。这种组织对合金疲劳强度和断裂韧性不利。

(2)组织不均匀。

合金压力加工时变形程度不均匀、原材料组织不均匀或因钛合金导热性差,造成工件内部与表面温差大等原因,会造成合金最终的组织不均匀。如等轴组织和网篮组织,形状不一样,但这两个组织化学成分相同,因为组织不均匀降低了合金的塑性,但不如成分偏析的影响大。

(3)夹杂。

冶炼过程中因海绵钛被污染或工艺不当等原因会使合金中出现氮化钛、氧化钛等化合物夹杂。这些化合物夹杂脆性大,能促进裂纹形成和扩展,使合金变脆。

6. 钛合金使用中的问题

(1)疲劳断裂。

疲劳性能的优劣在钛合金中具有重要意义。如航空发动机叶片的破坏大多数与材料的疲劳性能有关。疲劳性能与合金组织、表面加工质量、表面强化状态、残余应力及热处理制度有关。这些因素在钛合金产品的制作过程中应特别注意,如控制不当,会严重损害疲劳抗力,容易发生疲劳断裂。对钛合金部件进行表面抛光,提高光洁度或进行喷丸处理,均可有效地提高部件的疲劳极限。

(2)微动损伤。

当零部件之间采用机械方法连接时,在长期工作中,由于两接触面经常发生微量的相对滑动而造成的表面损伤称为微动损伤。若损伤是由黏着磨损所引起的称为微动磨损,若损伤是由交变载荷而导致的疲劳裂纹早期萌生、扩展及断裂,则称为微动疲劳。

微动损伤实际上是由于两接触面不断发生摩擦而引起的。因钛合金耐磨性差,所以对微动损伤比较敏感。虽然其本身不造成零部件明显的宏观破坏,但却使疲劳极限降低。研究发现,微动损伤可使钛合金的疲劳极限下降50%,所以,微动损伤在钛合金使用中应看重。

提高钛合金表面耐磨性的各种方法都是提高微动损伤抗力的有效手段。如电镀,化学镀镍,化学热处理,离子注入,表面机械强化等。此外,改进设计尽量减小接触面积、避免发生微动及加入润滑剂或衬垫以减少摩擦系数等。也可以减少微动磨损。

(3)热盐应力腐蚀。

除纯钛外,所有钛合金都对热盐应力腐蚀敏感。钛合金对热盐应力腐蚀最敏感的温度是288～427℃。在此温度范围内随温度和应力增加,材料服役寿命缩短。热盐应力腐蚀程度取决于合金成分、应力水平、温度、时间和介质中盐的浓度。β 同晶元素钼、钒、铌的含量增加,可减少钛合金对热盐应力腐蚀的敏感性。其中以钼最为有效。此外,合金中若含有较多的锆,也可以减少热盐应力腐蚀的敏感性。

5.3.2　实训目的

(1)了解淬火温度对 TC4 钛合金组织、性能的影响。

(2)了解时效温度和时效时间对 TC4 钛合金组织、性能的影响。

(3)了解 TC4 钛合金热处理的特点及其最佳热处理工艺的制定原则。

5.3.3　实训设备及试样

(1)实训设备:箱式电阻炉、拉伸试验机和洛氏硬度计(HRB)。

（2）工件：棒料（TC4 钛合金）。

5.3.4　实训内容及步骤

1. 操作前准备工作

（1）对设备进行使用前检查，当设备的各部位和电器系统均完好时方可开炉。

（2）校正炉温。

（3）对工件进行清洗，除掉油垢和金属屑。

2. 淬火操作

（1）装炉。

工件用料筐装整齐，将料筐装到炉膛的有效加热区内。

（2）加热。

装炉完毕，送电将炉子升温，到温后开始保温。

（3）保温。

保温时要控制好温度，避免晶粒粗化。

（4）冷却。

保温结束后，工件从出炉到进入淬火槽要尽可能快地淬入水中，避免温度下降导致固溶体发生部分分解，降低时效强化效果。

3. 淬火温度对 TC4 钛合金性能的影响

（1）将 TC4 钛合金工件在 750℃、850℃和 940℃三个温度下加热淬火后，立即测试其新淬火状态下的机械性能。

（2）在室温下对淬火工件每天测试硬度一次。

（3）在上述三个温度下淬火的工件在室温放置 4~6 天后，再测试其机械性能。

（4）分析 750℃淬火、正常淬火和过烧后的组织。

4. 时效温度和时间对 TC4 钛合金组织、性能的影响

（1）将 TC4 钛合金工件在 850℃淬火后，于 500℃进行人工时效，时效时间分别为 5min、15min、30min、60min、90min，时效后，测试其硬度和拉伸性能。

（2）同上工件经 850℃淬火后，分别在 400℃、500℃、650℃时效 90min，测试其硬度和拉伸性能。

5. 注意事项

（1）实习操作前应了解热处理设备的结构、特点和使用方法，并在老师指导下正确使用热处理设备，不得随意开启炉门和触摸电气设备。

（2）热处理操作时，工件进炉、出炉应先切断电源，然后送取工件，以防触电。

（3）淬火操作时，工件出炉，应快速放入水中冷却。时效冷却时置于远离易燃物的空地上。严禁手摸或者随地乱扔。

（4）废料应分类存放，统一回收。

6. 实训报告

学　　院		班级学号		姓　名	
课程名称		实训日期		评　分	
实训项目		指导教师			
实　　训 目　　的					
实训设备 及试样					
实训步骤、 方法及数据 记录					
热处理工艺 曲线图					
心得体会					

5.4　黄铜的热处理

5.4.1　实训准备知识

从利用纯铜，到冶炼铜矿石获得纯铜，再到冶炼出青铜合金，人类经历了相当漫长的一段摸索时光。我国最早用黄铜铸钱开始于明嘉靖年间。从约公元 1230 年起，黄铜制品在欧洲流行了约 300 年之久,因为它们比大型的雕塑品便宜得多。始于 1231 年的威尔普大主教的铜像,是人们所知的用黄铜制作的最早的铜像。

与纯铜相比,铜合金不仅强度高,而且具有优良的物理、化学性能,因此,铜合金在工业中应用广泛。根据化学成分,铜合金分为黄铜、青铜和白铜。根据加工方法,其分为压力加工铜合金和铸造铜合金。黄铜按照合金元素种类,可分为普通黄铜和特殊黄铜两种。

普通黄铜是铜锌二元合金,其含锌量变化范围较大,因此其室温组织也有很大不同。根据 Cu - Zn 二元状态图,黄铜的室温组织有三种:含锌量在 35% 以下的黄铜,室温下的显微组织由单相的 α 固溶体组成,称为 α 黄铜;含锌量在 36% ~46% 范围内的黄铜,室温下的显微组织由(α + β)两相组成,称为(α + β)黄铜(两相黄铜);含锌量超过 46% ~ 50% 的黄铜,室温下的显微组织仅由 β 相组成,称为 β 黄铜。

由铜、锌组成的黄铜就叫作普通黄铜,如果是由二种以上的元素组成的多种合金就称为特殊黄铜。黄铜有较强的耐磨性能,黄铜常被用于制造阀门、水管和散热器等。

1. 铜的合金化

纯铜强度不高,抗拉强度仅为 230 ~240MPa,伸长率为 50% ,布氏硬度为 40 ~50。使用冷作硬化方法可将铜的抗拉强度提高到 400 ~500MPa,布氏硬度提高到 100 ~200,但与此同时,伸长率急剧下降到 2% 左右。因此要进一步提高合金的强度,并保持较高的塑性,就必须在钢中加入适当的合金元素使其合金化。

进行合金化的重要依据是相图,从现有的二元相图可以查出,有 22 个元素在固态铜中的极限溶解度大于 0.2% ,可用于固溶强化。但是常用的只有锌、铝、锡、锰、镍,它们在铜中的固溶度均大于 9.4% 。有些元素,如铂、钯、铟、镓等在铜中的固溶度也很大,但因属稀贵元素一般不用作铜的合金元素。有的元素,如锑、砷在铜中的固溶度也较大,但这些元素会使合金的塑性下降,故不用作固溶强化元素。通过固溶强化铜的强度可由 240MPa 提高到 650MPa。

二元相图表明,许多元素在固态铜中的溶解度随温度降低而剧烈减小,故可进行淬火时效强化。这方面最突出的是 Cu - Be 合金,含 2% Be 的铜合金热处理后强度可达 1400MPa,接近高强度合金钢的强度。此外,Cu - Ni - Al、Cu - Ni - Si 合金也具有良好的淬火时效强化效果。

2. 铜合金的牌号及应用

以锌为主加元素的铜合金称为黄铜,其牌号用"H + 数字"表示。H 为黄铜的黄的汉语拼音首字母大写,数字表示铜合金的含铜量,如 H62 表示平均含铜量为 62% 的黄铜,H62 黄铜被誉为"商业黄铜",广泛用于制作水管、油管、散热器垫片及螺钉等;H68 黄铜强度较高,塑性好,可切削加工性能好,易焊接,为普通黄铜中应用最为广泛的一个品种。适于经冷深冲压或冷深拉制造各种复杂零件,曾大量用于制造弹壳,有"弹壳黄铜"之称;

H80 黄铜因色泽美观,故多用于镀层及装饰品。

若还加入另一种合金元素,则在 H 后边添上所加元素的化学符号,并在表示含铜量的数字后面划一短横线,写上所加元素的百分含量。如含 59% Cu、1% Pb 的铅黄铜写成 HPb59 - 1,若合金中还含有第三种合金元素则只在后面划一短横线,写上其近似的百分含量数字,如 HFe - 59 - 1 - 1 为含 59% Cu、1% Fe 及 0.7% Mn 的铁锰黄铜。特殊黄铜具有比普通黄铜更高的强度、硬度、抗腐蚀性能和良好的铸造性能。在造船、电机及化学工业中得到广泛应用。

以镍为主加元素的铜合金称为白铜,其牌号用"B + 数字"表示,B 为白铜的白的汉语拼音首字母大写,数字表示铜合金的含镍量,如 B30 表示平均含镍量为 30% 的白铜。牌号用"B"加特殊合金元素的化学符号,符号后的数字分别表示镍和特殊合金元素的百分含量。如 BMn3 - 12 表示平均含镍量为 3% 和平均含锰量为 12% 的锰白铜。

除黄铜和白铜以外的铜合金统称为青铜,其牌号用"Q + 主加元素符号 + 百分含量数字"表示。Q 为青铜的汉语拼音青的首字母大写,如 QSn7 为含 7% Sn 的锡青铜。若合金中还含有其他添加元素,则只写添加元素的百分含量数字。如 QSn6.4 - 0.4 表示含 6.4% Sn 及 0.4% P 的锡磷青铜,QAl10 - 3 - 1.5 表示含 10% Al、3% Fe 及 1.5% Mn 的铝、铁、锰青铜。

3. 普通黄铜

铜锌二元合金称普通黄铜或称简单黄铜。图 5 - 14 所示为 Cu - Zn 二元合金相图。α 相是锌溶入铜中的固溶体,锌在固态铜中溶解度随着温度降低而增大,在 456℃ 时溶解度最大,锌含量可以达到 39%,进一步降低温度则锌在铜中溶解度随着温度降低而减少。α 相为面心立方晶格,塑性好,可进行冷、热加工。β 相是以电子化合物 CuZn 为基的无序固溶体,具有体心立方晶格,可进行热加工。但温度降到 456 ~ 468℃ 时,β 相会转变成有序的 β' 相固溶体,很脆,不易进行冷加工。γ 相是以电子化合物 $CuZn_3$ 为基的固溶体,具有六方晶格,硬且非常脆,强度和塑性很低。因此,含锌量超过 50% 的铜锌合金无实际使用价值。

工业黄铜(含锌量小于 47%)的退火组织为 α 和 $\alpha + \beta'$ 两种组织,分别称单相黄铜和双相黄铜。

4. 普通黄铜的腐蚀

黄铜最常见的腐蚀形式是"脱锌"和"季裂"。

脱锌是指黄铜在酸性或盐类溶液中,由于锌优先溶解受到腐蚀,使工件表面残存一层多孔(海绵状)的纯铜,合金因此受到破坏。

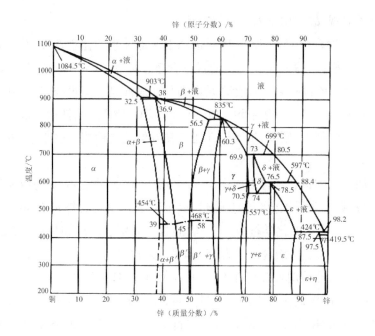

图 5-14　Cu-Zn 二元合金相图

黄铜脱锌腐蚀的发生和合金中的含锌量有关,当含锌量低于 15% 时,一般不发生脱锌腐蚀,但是材料的耐蚀性和强度很低;增加含锌量,有利于提高黄铜的耐蚀性和强度,但是,发生脱锌腐蚀的趋向也相应增加了;当黄铜的含锌量大于 20% 时,在水溶液中锌元素会优先溶解,留下多孔的铜,这就导致黄铜的强度降低,零件的使用寿命减短,安全隐患增加。

季裂是指黄铜零件在潮湿大气中,特别在含铵盐的大气、汞和汞盐溶液中受腐蚀而产生的破坏现像。

黄铜发生季裂的原因是在潮湿大气中所含的微量氨和雨季的水汽在黄铜表面冷凝成氨水溶液层,黄铜受到氨水溶液的腐蚀和它内部存在的残余应力的共同作用的结果,称之为应力腐蚀断裂。黄铜含锌量越多,越易自裂。

实验表明,压应力不产生腐蚀破裂,而且还对腐蚀破裂有抑制作用,因此,对零件表面进行喷丸或滚压是防止黄铜自裂的一种方法。

张应力是产生黄铜自裂的根源。因此,黄铜制品必须及时进行去应力退火,退火后要避免撞伤或在零件装配过程中产生新的张应力。在黄铜中加入少量 0.02% ~ 0.06% As 或 0.1% Mg,均能减小自裂倾向,黄铜制品的表面镀锌或镀镉加以保护也能防止自裂。

5. 黄铜的热处理

(1) 低温回火。

目的是消除冷变形加工应力,防止开裂。退火温度为 260~270℃,保温时间 1~3h,空冷。

（2）再结晶退火。

目的是消除加工硬化，回复塑性。退火温度为 $520 \sim 650℃$ ，保温时间 $1 \sim 2h$ ，空冷或水冷。H68 黄铜热处理规范：热加工温度 $750 \sim 830℃$ ；退火温度 $520 \sim 650℃$ ；消除内应力的低温退火温度 $260 \sim 270℃$ 。

5.4.2　实训目的

（1）了解退火温度和退火时间对 H68 组织、性能的影响。

（2）了解黄铜热处理的特点及其最佳热处理工艺的制定原则。

5.4.3　实训设备及试样

（1）实训设备：箱式电阻炉、拉伸试验机和洛氏硬度计（HRB）。

（2）工件：棒料（H68）。

5.4.4　实训内容及步骤

1. 选择加热设备

开炉前对设备进行全面的检查，确认炉子及电控部分正常之后开炉。由实训老师校正炉温。

2. 测试机械性能

H68 合金工件在 $400℃$ 、$550℃$ 和 $750℃$ 三个温度下退火保温 $2h$ 后，立即测试其机械性能。

3. 测试硬度和拉伸性能

将 H68 合金工件在 $550℃$ 退火保温时间分别为 1、1.5、2h，测试其硬度和拉伸性能。

4. 分析

分析不同退火温度和退火时间对 H68 组织、性能的影响。

5. 注意事项

（1）实习操作前应了解热处理设备的结构、特点和使用方法，并在老师指导下正确使用热处理设备，不得随意开启炉门和触摸电气设备。

（2）热处理操作时，工件进炉、出炉应先切断电源，然后送取工件，以防触电。

（3）经热处理出炉的工件应尽快放入介质中或置于远离易燃物的空地上。严禁手摸或者随地乱扔。

（4）废料应分类存放，统一回收。

6. 实训报告

学　院		班级学号		姓　名	
课程名称		实训日期		评　分	
实训项目		指导教师			
实　训 目　的					
实训设备 及试样					
实训步骤、 方法及数据 记录					
热处理工艺 曲线图					
心得体会					

5.5　铍青铜的热处理

5.5.1　实训准备知识

青铜是金属冶铸史上最早的合金,在纯铜中加入锡或铅的合金,有特殊重要性和历史意义,与纯铜相比,青铜强度高且熔点低,纯铜的熔点为1083℃,青铜的熔点就会降低到800℃。青铜铸造性好,耐磨且化学性质稳定。

除黄铜和白铜以外的其他铜合金称为青铜。其中含锡元素的称为锡青铜,不含锡元素的称为无锡青铜。常用青铜有锡青铜、铝青铜、铍青铜、铅青铜等。按成型工艺可以分为压力加工青铜和铸造青铜两类。

以锡为主加元素的铜合金称为锡青铜。以铝为主加元素的铜合金称为铝青铜。以铍为主要添加元素的青铜称为铍青铜。铍青铜的铍含量为 0.2% ~ 2% ,再加入少量的(0.2% ~ 2.0%)钴或镍第三组元。该合金可热处理强化,是理想的高导、高强弹性材料。铍青铜无磁、抗火花、耐磨损、耐腐蚀、抗疲劳和抗应力松弛,并且易于铸造和压力加工成形。铍青铜铸件的典型用途是用作塑料或玻璃的铸模、电阻焊电极、石油开采用防爆工具、海底电缆防护罩等。铍青铜加工板材的典型用途是用作电子器件中的载流簧片、接插件、触点、紧固弹簧、板簧和螺旋簧、膜盒、波纹管及引线框架等。

1. 铍青铜的组织

铜铍二元相图富铜部分有 α 、β 和 γ 三个单相区。α 相是以铜为基的固溶体,具有面心立方晶格;β 相是以电子化合物 CuBe 为基的无序固溶体,γ 相是以电子化合物 CuBe 为基,但原子排列有序化,为有序固溶体。β 和 γ 均具有体心立方晶格;在605℃发生共析反应。

铍在铜中的极限溶解度为 2.7% (864℃)。但随温度下降而急剧降低,在300℃已下降为 0.02% ,故铍青铜具有很高的淬火时效强化效果。

工业用铍青铜中一般含 0.2% ~ 0.5% Ni,所以,它实际上是 Cu – Be – Ni 三元系合金。

镍强烈降低铍在固态铜中的溶解度,降低 β 相的百分含量,并提高合金的共析反应温度。

二元铍青铜中,相变进行很快,往往由于淬火冷却速度不够快,使固溶体在淬火过程中即发生局部分解,以致时效后得不到最好的机械性能。微量的镍的加入能抑制相变过程,延缓淬火及时效过程中过饱和固溶体的分解,使淬火及时效过程易于控制。镍还能抑制铍青铜的再结晶过程,在某种程度上促进均匀组织的获得,但镍的含量必须严格控制。因为如前所述,微量铍能强烈降低铍在固态铜中的溶解度,从而降低合金的时效效果及时效后的机械性能。铍青铜中最适当的含镍量是 0.2% ~ 0.4% 。但对于低铍合金,微量或少量的镍能大大提高它们的时效效果及机械性能。

2. 铍青铜的分类

铍青铜分为两大类。根据合金成分而分,含铍量为 0.2% ~ 0.6% 的是高导(电、热)铍青铜;含铍量为 1.6% ~ 2.0% 的是高强铍青铜。依照制造成形工艺,又可分为铸造铍青铜和变形铍青铜。

3. 铍青铜的性能

铍青铜具有良好的综合性能。其力学性能,即强度、硬度、耐磨性和耐疲劳性居铜合金之首。其导电、导热、无磁、抗火花等性能其他铜材无法与之相比。含铍量愈低,导电性愈高。在固溶软态下铍青铜的强度与导电性均处于最低值,加工硬化以后,强度有所提高,但电导率仍是最低值。经时效热处理后,其强度及电导率明显上升。

铍青铜的耐蚀性能与铝青铜和锡青铜接近,在大气、淡水和海水中耐蚀性极好,在许多碱性溶液中也相当稳定;在湿的含硫气氛中表面会变黑,但不影响其机械性能;在高温时易受煤气及氯等卤族元素气氛的腐蚀;对汗液腐蚀也比较敏感。

铍青铜的机加工性能,焊接性能,抛光性能与一般的铜合金相似。为改善该合金的机加工性能,以适应精密零件的精度要求,各国开发了一种含铅 0.2% ~ 0.6% 的高强铍青铜(C17300),其各项性能等同于 C17200,但合金的切削系数由原来的 20% 提高到 60%(易切削黄铜为 100%)。

4. 铍青铜的热处理

(1)淬火。

铍青铜具有很高的热处理强化效果,其制品一般都要进行淬火时效处理,含铍量高于 1.7% 的铍青铜,其最佳淬火温度为 780 ~ 790℃,保温时间一般为 8 ~ 15min(当零件较厚或装炉量较大时保温时间应适当增加)。加热温度、保温时间和冷却速度是决定淬火质量的主要因素,淬火加热温度、保温时间的选择原则是使强化相充分固溶,而且使晶粒度保持在 6 ~ 9 级的范围之内,过粗或过细都不好。淬火温度超过 800℃或保温时间过长,都会引起晶粒的急剧长大。

(2)时效。

Cu – Be 合金的性能随时效温度和时效时间而变化,获得最高机械性能的时效温度与合金的熔点有关,约等于 $0.5 ~ 0.6T_{熔}$($T_{熔}$ 为熔点的绝对温度)。对于含铍高于 1.7% 的合金,最佳时效温度是 300 ~ 330℃,保温 1 ~ 3h,含铍量低于 0.5% 的高导电性电极合金,由于熔点升高,最佳时效温度为 450 ~ 480℃,保温 1 ~ 3h,时效过程是一个过饱和固溶体的分解过程。铍青铜过饱和固溶体的分解过程已进行过许多研究,但由于过程比较复杂,至今尚无完全一致的结论。大多数意见认为,时效过程中铍青铜过饱和固溶体的分解按下列程序进行:α 过饱和 → G. P. 区(γ'')→ γ' → γ。对于上述分解过程的解释及 γ'' 和 γ' 的结构则有不同的观点,一般认为,铍青铜过饱和固溶体的分解以连续析出及不连续析出两种方式同时进行。连续析出按上述分解过程进行,但这里所说的 G. P. 区与铝合金中的 G. P. 区在概念上有所不同。铝合金中的 G. P. 区是指溶质原子在基体金属中的偏聚区;此处 G. P. 区是指一种片状沉淀物,其原子呈有序排列,并已形成了中间过渡的晶体结构,且与母相的 |100| 面共格,亦可称为 γ''。这种 G. P. 区的密度极高。时效过程中,G. P. 区尺寸增大,同时共格应力场增加,最后转变为另一种与母相半共格的中间过渡相 γ'。在 315℃时效 3h 后,即有 γ' 沉淀析出物,直径约 10nm。当 315℃时效 100h 后,直径约 100nm。

不连续析出一般在晶界上非均匀地形核,然后长入相邻的晶体中,脱溶区逐渐扩大。不连续析出的产物为中间过渡相 γI,其形态、晶体结构、晶格常数及位向与连续析出的产物 γ' 相同。在425℃时效800h后,γI 转变为稳定的 γ 相。实验表明,在380℃以下时效时,不连续脱溶只在晶界周围相当小的晶界区域内发生,而连续脱溶是过饱和固溶体 α 的主要分解方式。在380℃以上时效则主要是不连续析出占优势。

铍青铜的最高机械性能出现在 G. P. 区向中间相 γ' 转变的阶段。铍青铜时效过程中形成的 G. P. 区高度弥散,加之 G. P. 区与母相的比容差别大,在其周围引起较大的应力场,因而对位错运动的阻力增大,造成很好的时效强化效果。

铍青铜过时效后,在晶界上出现如图5-15所示的网状及瘤状暗色区域。这是因为晶界地区时效过程进行快,析出相粗化,组织不均匀性增大,使合金耐蚀性能降低造成的结果。暗色区域不是一个单独的相。这种现象称为晶界反应,是铍青铜过时效的特征组织。过时效越严重,暗色区域大,机械性能也降低得越多。微量镍、钴、铁、钛和镁的加入,延缓了过饱和固溶体的分解,也减弱了晶界反应。经验表明,暗色区域的体积分量为2%~5%可视为峰值时效的正常组织。为了保证弹性滞后最小,最好是光学显微镜下看不到明显的暗色区。

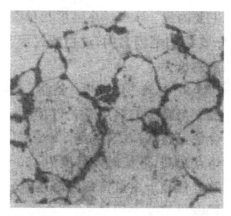

图5-15 铍青铜过时效后的组织

(3)退火。

铍青铜的退火最好在 β 共析转变温度以下进行,一般为550~570℃,保温2~3h。退火温度过高,超过共析转变温度,会导致 β 相的聚集粗化;低于550℃则不能有效软化合金。去应力退火工艺是150~200℃,保温15~20min。

铍青铜工件在热处理中遇到的问题主要是变形和尺寸超差。

发生变形或尺寸超差的根本原因是铍青铜在时效过程中,随着过饱和固溶体的分解发生长度和体积的收缩。实验表明:1.8%~2.1%加 Be 的合金时效时,长度收缩可达0.2%,体积收缩最大可达0.6%。解决的办法:除提高冶金质量及淬火质量外,可采用合理设计夹具的方法;或时效前施加一定的预变形量,以使时效中零件回缩到所需的尺寸;

或采取分级时效等措施。

（4）分级时效。

铍青铜的分级时效制度是:180～200℃时效 1h,再于 305～325℃时效 1.5h,或 150～240℃进行低温时效,再于 320～340℃进行峰值时效,采用分级时效,不仅能减小工件在时效过程中发生的变形及尺寸超差,还能提高合金的弹性极限、疲劳寿命和抗应力松弛能力,对于要求高弹性的零件经常采用分级时效制度。

5. 铜合金热处理缺陷分析及预防措施

铜合金热处理缺陷主要有表面氧化、晶粒粗大、过热、过烧、欠时效和过时效。

晶粒粗大,过热或过烧是由于加热温度偏高。预防措施是加热设备的仪表及电控系统都应正常,零件应放置在炉子的有效加热区内。为防止局部过热,可采用分段加热方法。

欠时效或过时效主要是因为时效时间过短、温度过低或者是因为时效时间过长,温度过高所致。预防措施是正确选择和控制时效温度和时间。补救措施是重新进行淬火时效处理。为防止表面氧化,可以采用氨分解气氛进行保护或采用盐浴炉加热。

5.5.2　实训目的

（1）了解淬火温度对铍青铜组织、性能的影响。

（2）了解时效温度和时效时间对铍青铜组织、性能的影响。

（3）了解铍青铜热处理的特点及其最佳热处理工艺的制定原则。

5.5.3　实训设备及试样

（1）实训设备:箱式电阻炉、拉伸试验机和洛氏硬度计（HRB）。

（2）工件:薄片（铍青铜）。

5.5.4　实训内容及步骤

1. 操作前准备工作

（1）对设备进行使用前检查,当设备的各部位和电器系统均完好时方可开炉。

（2）校正炉温。

（3）对薄片进行清洗,除掉油垢和金属屑。

2. 淬火操作

（1）装炉。

工件用料筐装整齐,将料筐装到炉膛的有效加热区内。

（2）加热。

装炉完毕,送电将炉子升温,到温后开始保温。

（3）保温。

保温时要控制好温度,避免晶粒粗化。

（4）冷却。

保温结束后,工件从出炉到进入淬火槽要尽可能快地淬入水中,避免温度下降导致固溶体发生部分分解,降低时效强化效果。

3. 淬火温度对铍青铜性能的影响

（1）将铍青铜薄片在750℃、785℃和820℃三个温度下加热保温60min淬火后,立即测试其新淬火状态下的机械性能。

（2）在室温下对淬火薄片每天测试硬度一次。

（3）在上述三个温度下淬火的薄片在室温放置4~6天后,再测试其机械性能。

（4）分析750℃淬火组织、正常淬火和过烧后的组织。

4. 时效温度和时效时间对铍青铜薄片组织、性能的影响

（1）将铍青铜薄片在785℃淬火后,于320℃进行人工时效,时效时间分别为5min、15min、30min、60min、90min,时效后,测试其硬度和拉伸性能。

（2）同上薄片经785℃淬火后,分别在200℃、320℃、380℃时效180min,测试其硬度和拉伸性能。

5. 注意事项

（1）实习操作前应了解热处理设备的结构、特点和使用方法,并在老师指导下正确使用热处理设备,不得随意开启炉门和触摸电气设备。

（2）热处理操作时,工件进炉、出炉应先切断电源,然后送取工件,以防触电。

（3）淬火操作时,工件出炉,应快速放入水中冷却。时效冷却时置于远离易燃物的空地上。严禁手摸或者随地乱扔。

（4）废料应分类存放,统一回收。

6. 实训报告

学　　院		班级学号		姓　　名	
课程名称		实训日期		评　分	
实训项目		指导教师			
实　训目　　的					
实训设备及试样					

续表

实训步骤、方法及数据记录	
热处理工艺曲线图	
心得体会	

5.6 镁合金的热处理

5.6.1 实训准备知识

镁合金是在纯镁的基础上加入合金元素形成的,是航空工业中应用较多的一种轻有色金属,其密度(约 $1.7g/cm^3$)比铝还小,比强度和比刚度较高。减震能力好,能承受较大的冲击振动负荷。此外,镁合金具有优良的切削加工和抛光性能,易于进行铸造和热加工,可生产各类铸件、锻件以代替铝合金使用。镁合金的主要缺点是在潮湿大气中抗蚀性差,缺口敏感性较大。

在航空工业中,镁合金可用于制作各种框架、壁板、起落架的轮毂、发动机的机匣、机架、仪表电机壳体和操纵系统中的支架等零件。

1. 镁合金的牌号及应用

变形镁合金的牌号:"两个汉语拼音首字母大写 + 数字",如 MB2 表示 2 号变形镁合金。变形镁合金主要用于薄板、挤压件和锻件等。

MB1 和 MB8 均属于 Mg – Mn 系镁合金,这类合金虽然强度较低,但具有良好的耐蚀性,焊接性良好。且高温塑性较好,可进行轧制、挤压和锻造。MB1 主要用于制造承受外力不大,但要求焊接性和耐蚀性好的零件,如汽油和润滑油系统的附件。MB8 由于强度较高,其板材可制造飞机蒙皮、壁板及内部零件,型材和管材可制造汽油和润滑系统的耐蚀零件。

MB2、MB3 和 MB5 ~ MB7 镁合金属于 Mg – Al – Zr 系合金,这类合金强度高、铸造及加工性能好,但耐蚀性较差。MB2、MB3 合金的焊接性较好,MB5、MB7 合金的焊接性稍差。MB2 镁合金主要用于制作形状复杂的锻件、模锻件及中等载荷的机械零件;MB3 主要用于飞机内部组件、壁板等;MB5 可制作板、带及锻件,用于承受较大工作载荷的部件;MB6、MB7 可制作挤压棒材、型材及锻件。

MB15 合金属于 Mg – Zn – Zr 高强度镁合金,具有很高的抗拉强度和屈服强度,常用来制造在室温下承受较大负荷的零件。如飞机机翼、桁架、翼肋等,作为高温下使用的零件,使用温度不能超过 150℃。

铸造镁合金既有牌号又有代号。其代号:"两个汉语拼音首字母大写 + 数字",如 ZM2 表示 2 号铸造镁合金。其牌号以字母"Z"开头,后面列出主要合金元素符号及含量,如 ZMgZn5Zr 表示平均含锌量为 5%,平均含锆量低于 1% 的铸造镁合金。铸造镁合金主要用于汽车零件、机件壳罩和电气构件等。

YM5 具有良好的力学性能和物理性能,同时兼有优良的铸造性能和耐海水腐蚀性能。应用领域广泛,在汽车工业中制作仪表盘支架、制动器、离合器踏板、驾驶盘及驾驶柱支板、座位支架及底座等;在纺织及印刷机械中,制作高速运动部件;在民用产品中可制作手动或电动工具零件如移动电话外壳等;在航空航天工业中是优良的结构材料,如用于制造直升机主传动箱体、齿轮箱体等。

ZM1 属于高强度铸造镁合金,流动性较好,但热裂倾向大,不易焊接;抗拉强度和屈服强度高,力学性能、耐蚀性较好。一般应用于长期工作温度不超过 150℃的要求抗拉强度、屈服强度大,抗冲击的零件,如飞机轮毂、轮缘、隔框及支架等。

ZM2 流动性好,不易产生热裂纹,焊接性能好,高温性能好、耐蚀性能好,但力学性能比 ZM1 低,用于 200℃以下工作的发动机零件及要求屈服强度较高的零件,如发动机机座、蒸馏舱、电机机壳等。

ZM3 和 ZM4 流动性稍差,形状复杂零件的热裂倾向较大,焊接性较好,其室温力学性能较低但高温性能、耐蚀性较好,一般用于高温工作和要求高气密性的零件,如发动机增压机匣、飞机进气管、扩散器壳体等。

ZM5 属于 Mg – Al – Zn 系合金,是航空工业上应用最多的铸造镁合金。合金元素锌的作用是补充强化并改善合金的塑性。含锌量约为 1% 时,合金性能良好;当含锌量较高时,合金的流动性降低,从而使铸件热裂缩孔倾向增加,对铸造性能十分不利。具有优良的铸造性能,热裂倾向小,焊接性良好,力学性能较高,但耐蚀性较差,适合于生产各类长期工作温度不超过 150℃的铸件。一般用于飞机、发动机、仪表的零件,如机舱连接隔框、舱内隔框等。ZM5 合金可以进行各种类型的热处理,其中以淬火(T4)和淬火 + 人工时效(T6)。

ZM6 具有良好的高温力学性能,可在 175 ~ 260℃温度范围内工作。ZM7 含有较高的含锌量,在铸造镁合金中可提供最高的室温强度。铸造性能良好,可铸成复杂形状铸件,但其价格较 ZM5、ZM10 高。

2. 镁合金的固态相变特点

和铝合金相同,镁合金的基本固态相变是过饱和固溶体的分解,它也是时效硬化的理论根据。由于其基本规律在铝合金一章中已详细阐述,在此不再阐述。下面仅就某些主要镁合金系各自的相变特点,作简单补充说明。

(1)Mg – Al 系。

Mg – Al 系合金在共晶温度以下,平衡组织应为 δ 固溶体 + $Mg_{17}Al_{12}$ 化合物。由于铝在镁中的固溶度随温度下降有明显变化,从 437℃的 12.6% 降到室温下的约 1% ,所以利用淬火处理可获得过饱和 δ 固溶体。大量试验证明在随后的时效过程中,过饱和 δ 固溶体不经过任何中间阶段直接析出非共格的平衡相 $Mg_{17}Al_{12}$,不存在预沉淀或过渡相阶段。但 $Mg_{17}Al_{12}$ 相在形成方式上有两种类型,即连续析出和非连续析出。在一般情况下,这两种析出方式是共存的,但通常以非连续析出为先导,然后再进行连续析出。这表明前者在能量上处于有利地位,易于形成。

非连续析出大多从晶界或位错处开始,$Mg_{17}Al_{12}$ 相以片状形式按一定取向往晶内生长,附近的 δ 固溶体同时达到平衡浓度,由于整个反应区呈片层状结构,故有时也称为珠光体型沉淀。反应区和未反应区有明显的分界面,后者的成分未发生变化,仍保持原有的过饱和程度,因此,在 X 射线衍射上同时出现两种固溶体的衍射线条,即反应区内具有平衡成分的 δ 固溶体和反应区外的尚未发生成分变化的 δ 固溶体。

从晶界开始的非连续析出进行到一定程度后,晶内产生连续析出,$Mg_{17}Al_{12}$ 相以细小片状形式沿基面(0001)与此相应,基体含铝量不断下降,晶格常数连续增大,由于此时晶格常数变化是连续的。

连续及非连续析出在时效组织中所占相对量与合金成分、淬火加热温度、冷却速度及时效规范等因素有关。在一般情况下,非连续析出优先进行,特别是在过饱和程度较低,固溶体内存在成分偏析及时效不充分的情况下,更有利于发展非连续析出;反之,在含铝量较高,铸锭经均匀化处理及采用快速淬火与时效温度较高时,则连续析出占主导地位。

(2)Mg – Zn 系。

Mg – Zn 系合金的时效过程比较复杂,存在预沉淀阶段。在 110℃以下,观察到 G. P. 区→β'→β。在 110℃以上,不形成 G. P. 区,而形成 α →β'→β。β' 为亚稳定过渡相,具有与拉维相 $MgZn_2$ 同样的结构,稳定性较高。在 250℃时效时,可保持到 5000h。

Mg－Zn 系合金时效为连续析出，β' 相尺寸很小，呈片状，并与基面平行。在长期时效后，利用电子显微镜可观察到 β' 相的形态及分布特征。

Mg－Zn 系合金的时效强化效果超过 Mg－Al 系，且随含锌量的增加而提高。但 Mg－Zn 系合金晶粒容易长大，故工业合金中常添加少量锆，以细化晶粒，改善机械性能。

（3）Mg－RE 系。

Mg－RE 系合金时效强化相为 Mg_9RE 或 $Mg_{12}RE$，在稀土元素中，钕在 α 固溶体中溶解度较大（约 4%），铈、镧、镨则较低，最大固溶度分别为 0.74%，1.9% 和 2.0%，故 Mg－Nd 系合金的时效强化效果最显著。

对于 Mg－RE 系合金的时效序列，目前尚有分歧意见。一些学者认为，在这类合金的过饱和固溶体分解过程中，不存在明显的预析出阶段，直接形成 Mg_9Nd 或 Mg_9Ce 等平衡相；另外有一些试验结果则表明存在中间过渡相，沉淀序列为过饱和 α 固溶体→G. P. 区→β''→β'→β，过渡相与基体之间保持共格关系。

工业 Mg－RE 合金中常常添加少量锌，除有补充固溶强化作用外，还能增加时效硬化效应。

（4）Mg－Mn 系。

单独的 Mg－Mn 系合金应用较少，但锰是大多数工业镁合金中常见的辅助元素，它对改善合金耐热性及抗蚀性具有良好作用。

Mg－Mn 系合金在时效期间，不经过预析出阶段，直接形成具有立方晶格，强化效果较差，但热稳定性却较高。

3．镁合金热处理的主要类型

镁合金的热处理方式与铝合金基本相同，但镁合金中原子扩散速度慢，淬火加热后通常在静止或流动空气中冷却即可达到固溶处理目的。另外，绝大多数镁合金对自然时效不敏感，淬火后在室温下放置仍能保持淬火状态的原有性能，值得注意的是，镁合金氧化倾向比铝合金强烈，当氧化反应产生的热量不能即时散发时，容易引起燃烧，因此，热处理加热炉内应保持一定的中性气氛。镁合金常用的热处理类型有：

（1）T1，铸造或铸锭变形加工后，不再单独进行固溶处理而是直接人工时效。这种处理工艺简单，也能获得相当的时效强化效果。对 Mg－Zn 系合金，因晶粒容易长大，重新加热淬火会造成粗晶粒组织，时效后的综合性能反而不如 T1 状态。

（2）T2，为了消除铸件残余应力及变形合金的冷作硬化而进行的退火处理。如 Mg－Al－Zn 系铸造合金 ZM5，退火规范为：350℃ 加热 2～3h，空冷，冷却速度对性能无影响，对某些热处理强化效果不显著的镁合金，如 ZM3，T2 则为最终热处理状态。

（3）T4，淬火处理。可用以提高合金的抗拉强度和延伸率，ZM5 合金常用此规范。

为了获得最大的过饱和固溶度，淬火加热温度通常只比固相线低 5～10℃。镁合金原子扩散能力弱，为保证强化相充分溶解，需要较长的加热时间，特别是砂型厚壁铸件，对薄壁铸件或金属型铸件加热时间可适当缩短,变形合金则更短,这是因为强化相溶解速度除与本身尺寸有关外,晶粒度也有明显影响。如 ZM5 金属型铸件,淬火加热规范为415℃保温 8~16h;薄壁砂型铸件加热时间延长到 12~24h,而厚壁铸件为防止过烧应采用分段加热,即 360℃保温 3h+420℃保温 21~29h。淬火加热后一般进行空冷。

(4)T6,淬火+人工时效。目的是提高合金的屈服强度,但塑性相应有所降低。T6状态主要应用于 Mg-Al-Zn 系及 Mg-RE-Zr 系合金。为充分发挥时效强化效果,高锌的 Mg-Zn-Zr 系合金也可选用 T6 处理。

(5)T61,热水中淬火+人工时效,一般 T6 为空冷淬火,T61 则采用热水淬火,可提高时效强化效果,尤其是对冷却速度敏感性较高的 Mg-RE-Zr 系合金。

5.6.2　实训目的

(1)了解淬火温度对 MB15 镁合金组织、性能的影响。

(2)了解时效温度和时效时间对 MB15 镁合金组织、性能的影响。

(3)了解 MB15 镁合金热处理的特点及其最佳热处理工艺的制定原则。

5.6.3　实训设备及试样

(1)实训设备:箱式电阻炉、拉伸试验机和洛氏硬度计(HRB)。

(2)工件:棒料(MB15 变形镁合金)。

5.6.4　实训内容及步骤

1. 操作前准备工作

(1)对设备进行使用前检查,当设备的各部位和电器系统均完好时方可开炉。

(2)校正炉温。

(3)对棒料进行清洗,除掉油垢和金属屑。

2. 淬火操作

(1)装炉。

工件用料筐装整齐,将料筐装到炉膛的有效加热区内。

(2)加热。

装炉完毕,送电将炉子升温,到温后开始保温 2h。

(3)保温。

保温时要控制好温度,避免晶粒粗化。

(4)冷却。

保温结束后,工件从出炉到进入淬火槽要尽可能快地淬入水中,避免温度下降导致固溶体发生部分分解,降低时效强化效果。

3. 淬火温度对 MB15 变形镁合金性能的影响

(1)将 MB15 变形镁合金棒料在 480℃、515℃和 540℃三个温度下加热保温 2h 淬火后,立即测试其新淬火状态下的机械性能。

(2)在室温下对淬火棒料每天测试硬度一次。

(3)在上述三个温度下淬火的棒料在室温放置 4~6 天后,再测试其机械性能。

(4)分析 MB15 变形镁合金 750℃淬火组织、正常淬火和过烧后的组织。

4. 时效温度和时效时间对 MB15 变形镁合金组织、性能的影响

(1)将 MB15 变形镁合金棒料在 515℃淬火后,于 150℃进行人工时效,时效时间分别为 5h、12h 和 24h,时效后,测试其硬度和拉伸性能。

(2)同上棒料经 515℃淬火后,分别在 130℃、150℃、180℃时效 12h,测试其硬度和拉伸性能。

5. 注意事项

(1)实习操作前应了解热处理设备的结构、特点和使用方法,并在老师指导下正确使用热处理设备,不得随意开启炉门和触摸电气设备。

(2)热处理操作时,工件进炉、出炉应先切断电源,然后送取工件,以防触电。

(3)淬火操作时,工件出炉,应快速放入水中冷却。时效冷却时置于远离易燃物的空地上。严禁手摸或者随地乱扔。

(4)在进行镁合金的热处理时,应特别注意防止炉子"跑温"而引起镁合金燃烧。当发生镁合金着火事故时,应立即用熔炼镁合金的熔剂撒盖在镁合金上或用专门用于扑灭镁火的药粉灭火器加以扑灭。绝不能用水或其他普通灭火器来扑灭镁火,否则将引起更为严重的火灾事故。

(5)废料应分类存放,统一回收。

6. 实训报告

学　　院		班级学号		姓　　名	
课程名称		实训日期		评　分	
实训项目		指导教师			
实　训 目　的					
实训设备 及试样					

续表

实训步骤、方法及数据记录	
热处理工艺曲线图	
心得体会	

参考文献

［1］王书田.热处理设备［M］.长沙:中南大学出版社,2011.

［2］徐斌.热处理设备［M］.北京:机械工业出版社,2010.

［3］王淑花.热处理设备［M］.哈尔滨:哈尔滨工业大学出版社,2010.

［4］李光瑾.国家职业资格培训教程:金属热处理工［M］.北京:中国劳动社会保障出版社,2004.

［5］侯旭明.热处理原理与工艺［M］.北京:机械工业出版社,2015.

［6］张琳,王仙萌.航空工程材料及应用［M］.北京:国防工业出版社,2013.

［7］张宝昌.有色金属及其热处理［M］.西安:西北工业大学出版社,1993.

［8］马康民,白冰如,汪宏武.航空材料及应用［M］.西安:西北大学出版社,2008.